NEW WCDP
新文京開發出版股份有限公司
新世紀・新視野・新文京－精選教科書・考試用書・專業參考書

New Wun Ching Developmental Publishing Co., Ltd.

New Age · New Choice · The Best Selected Educational Publications — NEW WCDP

HEALTH AND HYGIENE

Fourth Edition

邱秀娟．陳建達 編著

第4版

美容
保健概論

序言

Health & Hygiene

在專業美容詞典中對美容的描述為一種對於美的研究，是一種美學，也包括對於醜的研究，可以從外部觀察它，概念性的進行描述，或是從內部感覺它，直觀的予以報導。而狹義的美容則是指在美容工作室進行的各項美容、護膚及保養等活動。Health 的意義被界定為免於疾病，在生活經驗中有更廣泛的定義，它必須包含對健康基礎（身體的、精神的、心理的及社會福利等）更深入的關注 (Sue Rodwell Williams, 2000), Health food 稱為保健食品，Health center是保健中心，Health service 是社會保健服務。

近年來所提倡的幸福感(Wellness)更是一種人對於高層次的心理需求，指一種健康態度及行為的養成，意指一種積極、充滿活力的狀況，激發一個人去追求高水準的機能，包括在行動與目標間求互相的平衡，比如工作之於休閒，生活形態的選擇之於健康風險，以及個人需求之於其他人的期待 (Sue Rodwell Williams, 2000)，即是一種身心平衡的狀態，透過經驗及學習不斷的同化及調適。在人本心理學家Maslow的人類需求層次理論中將人的需求分為兩大層次，為低層次匱乏性的需求（生理、安全、愛及隸屬、自尊及尊重）及高層次衍生性的需求（求知的需求、求美的需求、自我實現及自我超越），必須先滿足低層次的需求才能往上追求及發展。

因著傳統美容產業朝向健康美麗產業方向轉型，由於消費者對美麗與健康期待的深化，順應現代人重視健康休閒及追求美麗潮流，結合美麗、抒壓、養生、身心平衡等概念，串聯起護膚、美容、美髮、美甲、造型、SPA、芳香療法、塑體、健身、營養保健等項目，發展出嶄新的營運模式與服務內涵的產業，被通稱為健康美麗產業(Relax, Health, and Beauty industry; RHB industry)（經建會部門計畫處，張世儀）。美容與保健的結合，是一種符合人類需求本質的觀念，而美容產業能利用美容的方法滿足消費者低層次的需求，進而引發高層次對於美容保健知識需求，產生對高品質生活的追求態度。美容保健的領域高於狹義的美容定義，它更趨近於健康促進的概念，是選擇讓自己在身心兩方面都更加美善的方法，進而落實在個體的生命發展階段中。同樣無庸置疑，美容保健必須從生理層次保健部分、也就是皮膚保健部分談起，進而談到身心平衡的養生保健方法，使個體由內外合一達到美的追尋標準，因而自我實現。

近年來，人們漸趨重視人與大自然的關係，本次改版特檢視與自然相應相生、配合四季與時辰的美容養生之道，除了補強文字敘述與資料，並更新圖片，提供更多元化且完善的資訊予讀者。

編著者 謹識

編著者簡介

Health & Hygiene

邱秀娟

迄今在技專院校專職24年，曾編著美膚學、美體學、美容生涯發展、現代美容沙龍相關書籍，而《美容保健概論》一書廣為教育界使用，故再次補強內容後再版。

編者致力於推廣六感體驗的學習模式，認為美容保健是一種生活風格，蛻變週期與再生的歷程。

擔任美容乙丙級技術士證照評審，登琪爾Spa、黛寶拉Spa、舊金山總督溫泉會館、養生主國際有限公司及以斯帖顧問公司產學計畫主持人。

具有美國自然學保健師、整復員、BIM顧客服務種子講師認證，現為經國管理暨健康學院副教授兼美容流行設計系主任。

編著者簡介

Health & Hygiene

陳建達

「養生」是實踐「身」體安康，「心」情自在與生命「靈」性價值實現的生活型態，當「化繁為簡」，恆之、行之。

學歷：

佛光大學未來與樂活產業學系生命學碩士

現職：

養生主國際有限公司總經理

優樂活身心靈驛站執行長

中華明堂身心靈養生文化發展協會創會理事長

經國管理暨健康學院兼任講師（產業專技）

經歷：

美國ICCAM國際補充醫學及替代療法醫學院認證整脊醫師

中國OSTA國家職業資格康復科醫師

大英聯邦國際學士院亞太健康醫學研究所講師

中國中醫健康管理師培訓課程講師

2011年國家傑出整復師選拔委員會聯合主席兼裁判長

中國CAEP國家級證照（健康諮詢、保健按摩類）培訓講師

慈濟技術學院輔助與另類醫學課程業界講師

上海、湖北、北京富康美容美髮美體香薰彩妝專業學校講師

臺灣省傳統整復員職業工會聯合會指導老師

臺灣省女子美容商業同業公會聯合會講師

經絡情緒能量療癒師

目錄

Health & Hygiene

1 Chapter 美容保健引論

2 Chapter 影響皮膚健康的因素

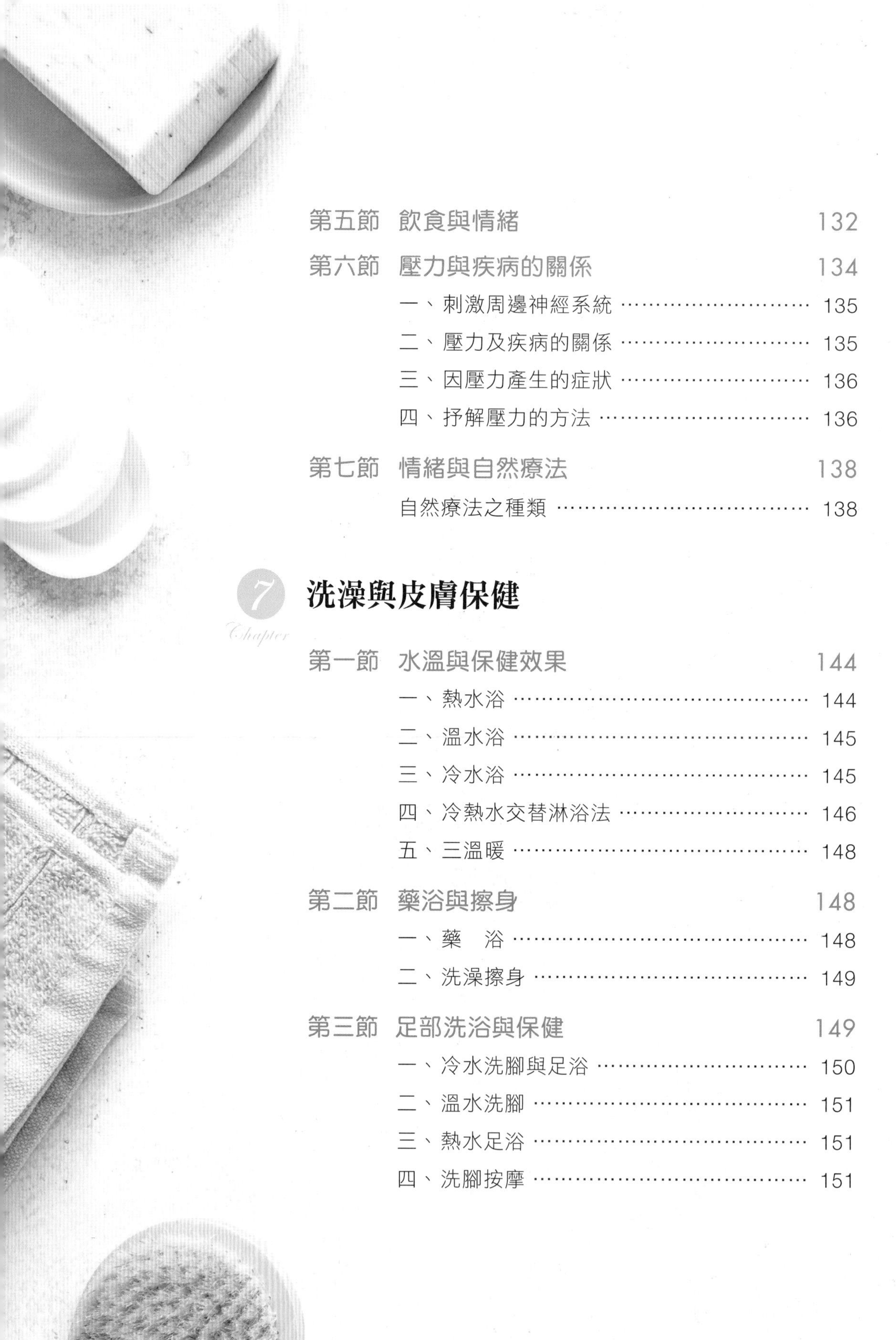

美容保健的研究領域

美容 Health & Hygiene 保健概論

1
Chapter

美容保健引論

神就照着自己的形象造人，乃是照着祂的形象造男造女，神看這一切所造的都甚好。

～創世紀1:27&31

第一節 美容保健和諮詢

美容保健的專業核心在於諮詢，透過溝通、人際互動，針對顧客不同時期的身心狀況做討論，協助其檢視自己內心想法，評量自身需求，以達到個人在現實生活情境、個人能力、自身慾望的平衡，珍惜擁有的自主性與能動性，自由自在地探索感官。

而美容保健從業人員應在整體服務流程中，找出有助於強化顧客美容能力及目標線索，深入的瞭解其反應，建立一套運用美容保健知識、技能、儀器設備、產品及服務，以提供完整體驗課程，要顧客感到放鬆、自我覺察，促使其產生良好感受。

圖1-1 美容保健諮詢人員

第二節　皮膚健康

一、皮膚的結構及功能

皮膚是人體最大的器官，可以分為表皮、真皮及皮下組織三部分，表皮的作用在於抵擋外來的侵害（包括日光、灰塵、化學汙染源、機械力等）並呈現出膚質的美感，真皮層則有汗腺分泌汗水，調節體溫，並且將乳酸、尿酸排出，有排毒的功用。而皮脂腺分泌皮脂潤澤皮膚，和汗水形成一層皮脂膜，呈現出弱酸性的pH值以防止細菌的繁殖，造成炎性的膿皰及敏感的現象。毛細血管利用擴散作用將養分與氧氣送到表皮，使皮膚代謝正常，其中的膠原纖維及彈性纖維則維持皮膚的張力及彈性，使皮膚看來年輕有朝氣。皮膚內含知覺神經將表皮處接收到的訊息（觸、壓、冷、熱、痛、癢）傳到腦部，另外，運動神經則是由中樞神經將訊息傳達到皮膚各部位，皮下組織則主要由脂肪細胞負責脂肪的貯存，足夠的脂肪可以維持身體溫度，有保護內部器官的功能，並能使皮膚張力伸展，但過多的脂肪則會導致肥胖，形成礙眼的浮肉，並且造成心臟血管疾病。

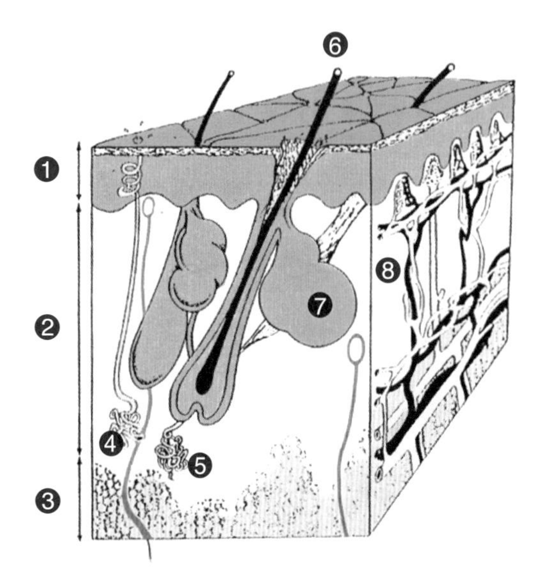

❶ 表皮　❸ 皮下組織　❺ 網狀層　❼ 皮脂腺
❷ 真皮　❹ 汗腺　❻ 汗毛　❽ 毛細血管

圖1-2　皮膚的結構和組織

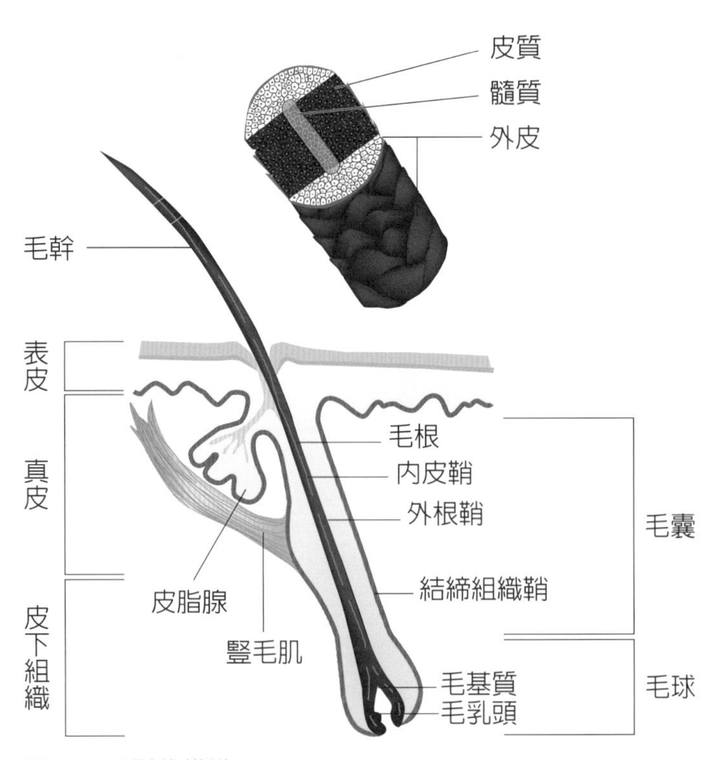

圖1-3　毛髮的構造

二、健康的皮膚

皮膚上的毛髮屬於皮膚的附屬器官，可以用來保護身體不受寒冷侵襲及減少摩擦，也可以排泄出經皮膚吸收（經由毛孔滲入）的汙染源，毛髮主要分為毛根及毛幹部分，毛根在皮膚以下，毛幹則在皮膚以上，毛幹最下面的毛乳頭主要負責毛髮的生長及發育，而毛母色素形成細胞則形成毛髮色素，當功能喪失則生出白髮，也會因過度精神壓力造成毛髮中氣泡增多及色素減少形成白髮增加。

所謂健康的皮膚會隨著年齡的老化出現不同的變化，但在外觀上呈現出濕潤且透明度高（受到角質層、表皮厚度、表皮色素含量、真皮含水量、皮下脂肪含量的影響），富彈性及張力，膚色紅潤是審美上的觀點，最重要是皮膚各種功能的運作正常，可順利進行細胞代謝，保持細胞活力，使皮膚保護及代謝的功能充分發揮，至於膚色問題則因人種各異及遺傳因素，而有所差異，基本上，影響皮膚的色調是表皮的黑色素，當代謝出現問題，色素沉著浮現，或皮膚含鈷、銅、鐵等金屬，對皮膚顏色造成影響，缺乏者膚色較為黯淡無光。

健康皮膚可以保護身體免於外在汙染物的接觸，但當皮膚變得脆弱，汙染物則可以經由溶解皮脂腺構成的蠟層，穿透皮膚到身體內部。然而，皮膚的健康與否，又與身體器官的健康狀況息息相關、相輔相成，因此，在討論皮膚保健的相關問題時，應從外在

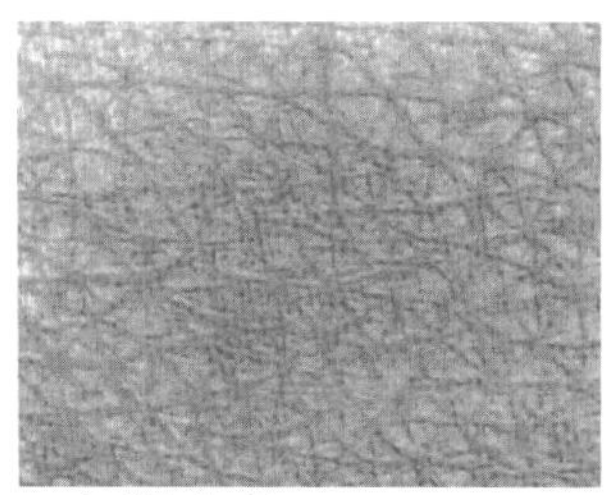
a. 年輕皮膚

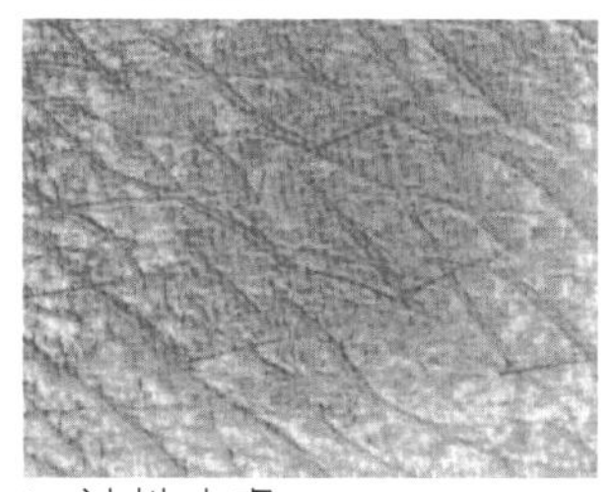
b. 油性皮膚

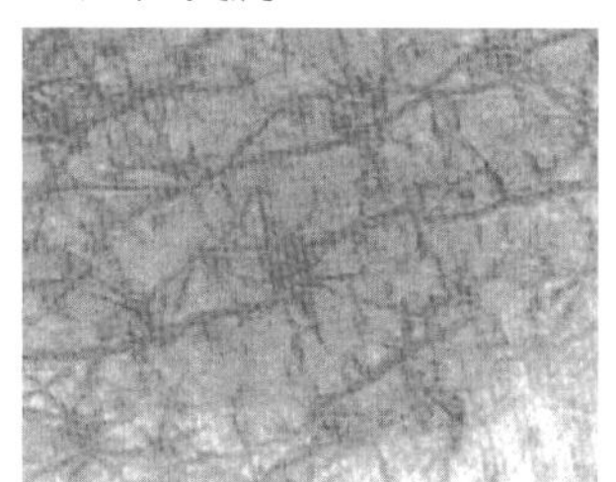
c. 老化皮膚

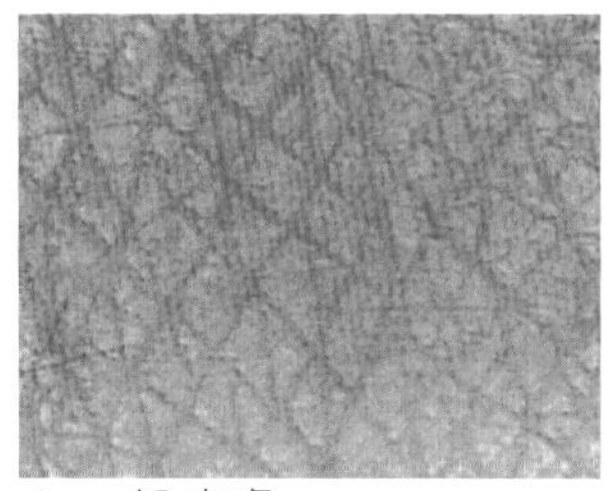
d. 一般皮膚

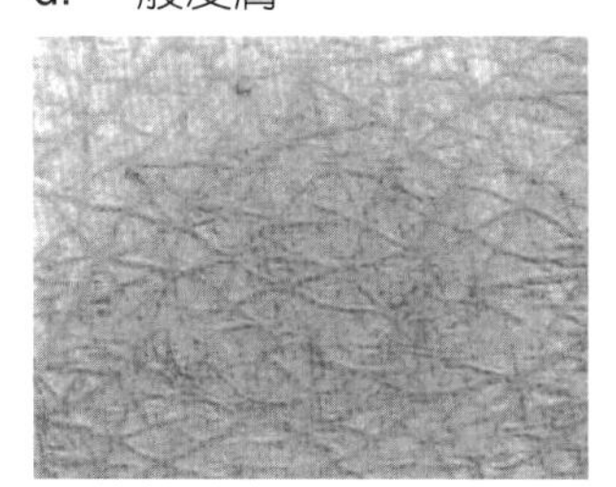
e. 乾性皮膚

圖1-4 各種皮膚類型

環境對皮膚直接的影響及由內在引發的皮膚狀況來看，並藉此建立一套有利於皮膚保健的觀念及方法，能落實在生活中，將使人們變得健康又美麗。

三、不同種族的皮膚概況

1. 依主要人種區分

隨黑色素、氧化血紅素、還原血紅素及胡蘿蔔素的比例呈現不同膚色。

(1) 黑色膚色：黑色素細胞較活躍。

(2) 黃色膚色：含胡蘿蔔素。

(3) 白色膚色：黑色素細胞非常不活躍。

2. 各色人種的膚色特性

(1) 黑色皮膚：

a. 皮脂腺較多且較大。

b. 到5、60歲還不易老化。

c. 出現皺紋比淺色皮膚醒目。

d. 在強光及酷熱下仍能保持較低的體溫。

e. 比白皮膚易脫皮且含有色素粒。

f. 患皮膚癌比例較小。

g. 越黑則表皮壞死的角質層越厚。

h. 過敏情況較少。

i. 痘疤較易出現。

(2) 白色皮膚：

a. 皮膚較易乾燥。

b. 皺紋較醒目且較易老化。

c. 較易產生皮膚方面疾病。

第三節　美容成效

一、延緩身心的老化

1. 皮膚老化

構成皮膚老化的原因分為外在因素與內在因素，外在因素包含：溫濕度變化、空氣汙染、紫外線、各類自由基的傷害；內在因素包含：年齡、過度長期的日曬、沒有保養或不適當的保養、長期使用不適合自己膚質的保養品、肌膚長期乾燥缺水、生活作息不正常、熬夜、緊張、焦慮、憂鬱、新陳代謝減緩及荷爾蒙分泌改變等自然老化過程。皮膚老化的主因為細胞氧化所產生的自由基加速人類器官的老化，自由基會導致DNA特定鹼基的偶合(dimerization)，DNA一旦變異，給予肌膚修護能量就會跟著減少，一連串效應，讓肌膚老化現象隨之蔓延。自由基是一種高反應分子，它會傷害皮膚細胞及損害膠原蛋白、彈力蛋白。自由基被認定為環境造成的老化原因，透過一種稱作氧化作用的方式進行。自由基，又稱為活性氧，會攻擊其他的分子並侵占其他分子中的電子，因而對細胞產生連鎖性過氧化反應。

2. 心靈老化

人類的社會不只自然環境受到嚴重的汙染，整個世界價值觀亦不斷的轉變，傳統倫理價值面臨到極大挑戰，家庭關係日益緊張，人與人之間的信任感不易建立，不法的事增多，人的愛心亦漸漸冷淡，生活壓力及價值衝突使得精神疾病的人口增加，人的心靈亦受到社會的汙染，許多研究證明心身疾病的存在，如：壓抑性格與免疫功能、A型性格與心臟血管疾病有其關聯性。

二、增加自我滿足感

體驗價值是指消費者體驗產品與服務的互動，因而可能提升或降低消費的價值，Mathwick、Malhotra和 Rigdon於2001年發展出體驗價值四個類型，敘述如下：

1. 消費者投資報酬(consumer return on investment, CROI)

包括財務、時間、行為投入及可能產生潛在利益心理資源，以經濟效用(economy value) 與效率(efficiency)為衡量依據。

2. 服務優越性(service excellence)

消費者對市場服務與行銷能力的認同，來自於產品或服務提供者傳達對消費者的保證，依據標準則是品質。

3. 美感(aesthetics)

商品藝術欣賞的角度，在連鎖商店或是百貨業等銷售環境下的美感，反應出銷售環境的視覺要素與愉悅性質的服務。

4. 趣味性(playfulness)

消費者參與相關銷售活動並暫時遠離目前現實世界之內在感受，假想瀏覽百貨業商店櫥窗(window shopping)，以玩樂(playful)與逃避現實(escapism)為衡量依據。體驗行銷的最高境界在於得到消費者的共鳴而對品牌產生忠誠度。商品與服務的體驗就是消費者達成交易的最核心價值，所以行銷販售的活動已經不再是銷售商品，更重要的是創造體驗的價值，讓消費者可以親身去感受商品與服務，實際去體驗產品的實用與服務的價值。透過全球各地的保健及美容產品連鎖店，讓不同文化、社會及經濟背景的顧客可享受最大型的保健及美容產品零售集團服務，滿足各地區顧客的獨特需求，產品迎合顧客品味與要求，營造生意盎然的購物環境，務求為顧客帶來嶄新視野。

三、維持身心的平衡

根據世界衛生組織提出的10個健康標準如下：

1. 精力充沛，能從容不迫地應付日常生活和工作的壓力而不感到過分緊張。
2. 處事樂觀，態度積極，樂於承擔責任，不挑剔。
3. 善於休息，睡眠良好。
4. 應變能力強，能適應環境各種變化。
5. 能夠抵抗一般性感冒和傳染病。
6. 體重得當，身材均勻，站立時頭、肩、臂位置協調。
7. 眼睛明亮，反應敏銳，眼瞼不發炎。
8. 牙齒清潔，無空洞，無痛感，齒齦顏色正常，不出血。
9. 頭髮有光澤，無頭皮屑。
10. 肌肉、皮膚有彈性，走路輕鬆有力。

四、追求自我實現

Paul Schilder 是首位由心理學和社會學角度來看身體經驗的學者，他認為身體意象不只是一種認知建構，還包含態度反應和與他人之互動。他在1995 年為身體意象下了一個定義，認為「身體意象是個人心中對自己身體所形成的影像，由感覺神經系統、心理層面及社會層面三者互動所形成，是一種調適、動態的過程」（引自Grogan, 1999）。

客觀認知是指身體各部位具體存在的事實；主觀評價則是個人依據客觀事實的認知，並且經由他人對其身體反應回饋的影響而產生的好壞評價，例如外表的美醜等等，而產生的內心感受。也有學者提出，身體意象包含的不只是影響個人知覺、認知與情感，更會影響到個人的行為和人際間的互動(Cash, 1994)。因此，當人們因外表產生令自己不愉快的感受，會選擇逃避、抵抗或找方法解決，這種行為的傾向也許就是源於負面的認知或情感。Cash 與 Pruzinsky(1990)提出身體意象的特性包含7項：(1)身體意像是對身體與身體經驗的知覺、想法、感覺；(2)身體意象的建構是多面向的；(3)身體意象的經驗與對自我的感覺是互相糾結的；(4)身體意象是受社會影響的；(5)身體意象並非固定或靜止的；(6)身體意象會影響訊息的處理；(7)身體意象會影響行為。

根據美國飲食失調協會(National Eating Disorders Association, 2004)指出，身體意象是每個人在鏡中所看到的自己，或是在腦海浮現的身體外表，每個人也會在心中建構自己應該呈現的理想形象，當個人意識到自己的外表符合理想中的形象時，便會有一種愉悅自信的感受，進而產生正向的身體意象。正向的身體意象是指：個人對自己的體型有清楚而明確的知覺；重視自己自然的身體並且瞭解外表並不完全代表一個人的特質與價值；接受自己獨特的身體並且引以為傲，拒絕以非理性的方式尋求改變外貌的方法；對自己的身體感到舒服且自信。但如果實際的身體形象與理想中的形象差距很大時，個人會感到失望沮喪，而產生負向的身體意象。負向的身體意象包括：對自己的身體產生扭曲的知覺，不喜歡自己真正的樣貌；覺得只有別人是具有吸引力的，自己的身體卻代表著個人的失敗；令自己感到不舒服、不自在、羞恥、神經過敏與焦慮。負向的身體意象容易導致飲食失調、憂鬱、人際疏離、低自尊以及減重困擾(National Eating Disorders Association, 2004)。

個人對本身外貌的評定是來自於對自我的瞭解，根據「自我差距理論」的論點，人們會將實際的自我與理想的自我來做比較，當我們知覺到實際我與理想我之間有差距時，會有負向的情緒產生(Moretti & Higgins, 1990)。也就是說當理想的身體外表與實際知覺之間的差距越大者，越容易造成負向的身體意象。

美容保健的專業人員利用手技、產品、諮詢、服務，幫助顧客達到身體享樂、愉悅，並引導顧客主動選擇，打造其身形相貌，追求符合自我要求的身體意象，追求自我實踐。

memo

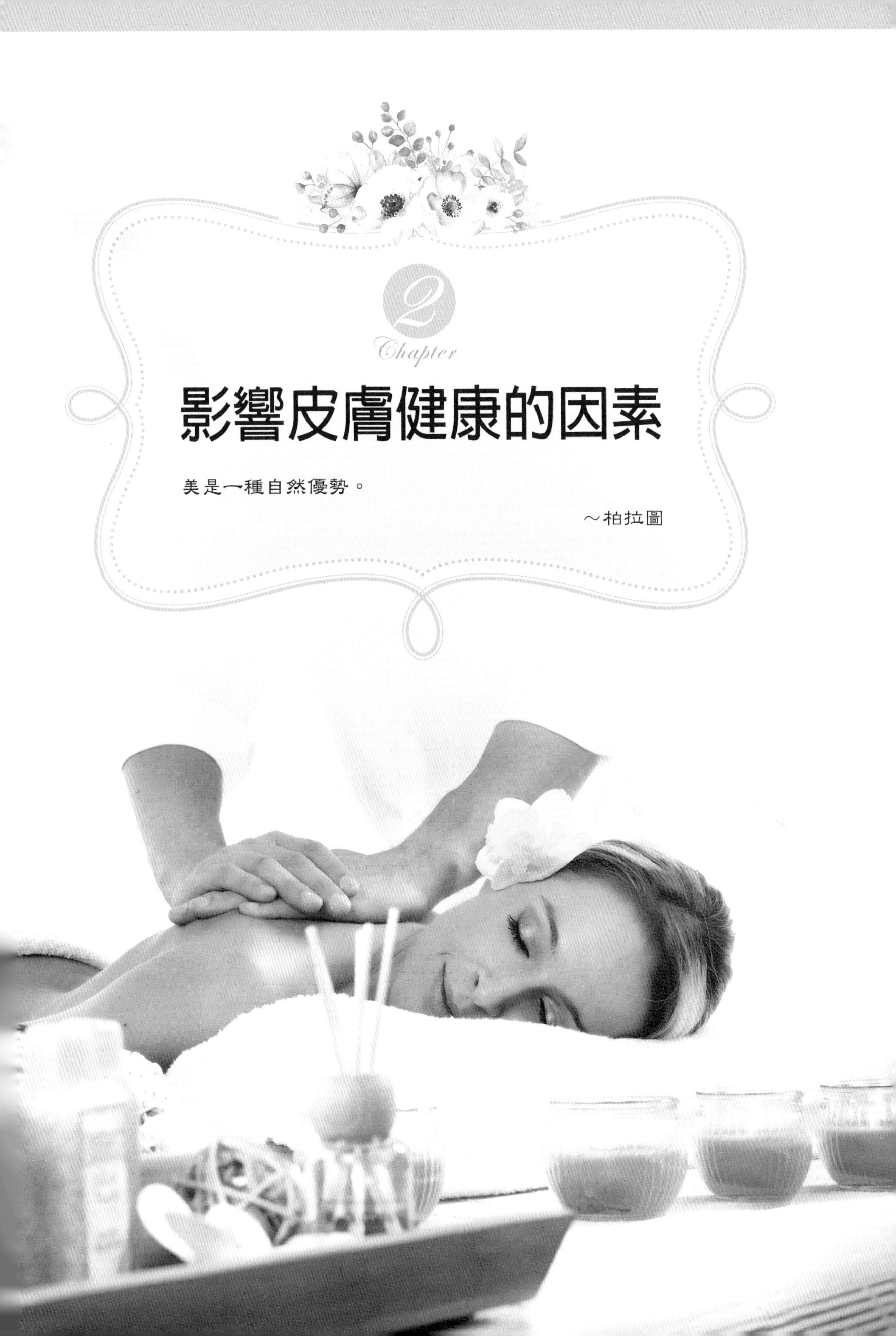

2

Chapter

影響皮膚健康的因素

美是一種自然優勢。

～柏拉圖

第一節 外在環境造成的皮膚問題

一、環境汙染

(一)空氣汙染

平流層臭氧係指接近地球表面大氣之臭氧，對人體呼吸系統有不良之影響，故在國家環境空氣品質標準(NAAQS)中訂有臭氧項目。臭氧為自然界存在之反應性氣體，其濃度變化明顯地與季節、緯度、高度、時間及天氣條件有關，另一方面，平流層臭氧具有吸收UV-B輻射線特性，科學家認為二氧化碳排入大氣中，或釋放出氟氯碳化物破害臭氧層，若其濃度下降10ppb，據估計每年將增加大量的皮膚癌病例及白內障病例，臭氧對人體呼吸系統損害屬於較短期效應，而保護人體暴露於UV-B之健康效應屬於較長期。

圖2-1 汽、機車排放的廢氣是危害皮膚健康的汙染源之一

而環境中化學物質的汙染包括寢室中泡棉床墊、免燙被單、夾板家具、客廳中的合成地毯、甚至於浴室內淋浴的水質及氟化物、衣物上的乾洗劑、汽車排出汙染源、空調環境和二手菸，容易引起過敏體質者有氣喘、濕疹、花粉熱、頭痛、臉部腫脹、疲倦、畏寒、懼光、無食慾等症狀。或因花粉、灰塵和

其他環境中物質所引發的，如蕁麻疹是一種常見的皮膚功能失調，是人體內某種失調或過敏症狀，有些人會因吸入粉塵、動物皮毛等誘發蕁麻疹，另有些人遇冷熱變化、太陽曝曬甚至皮膚受壓迫時都會發蕁麻疹。另外，在含有硫磺化合物的區域或會放出硫酸的工廠對皮膚有腐蝕性的傷害。

圖2-2 蕁麻疹

(二) 水汙染

飲用水受到各種化學物質的汙染，雖有致病的潛力，但真正由化學汙染引起的重大疾病數目很少，可是不能排除慢性病的可能，含有毒性或重金屬的廢水排入水體，供人飲用，引起中毒或影響人體健康，此外，若廢水排入水體，為水中生物或農作物所吸收，經由食物鏈的關係，最後濃縮於人體，導致危害人體健康。被汞、鉛、錳汙染，會引起神經系統的疾病，砷、鎘的汙染會影響人體造血機能與消化功能，而含高度鈣、鎂的硬水，會引起暫時性腸胃機能失調，出現消化不良及腹瀉等病症。加氯僅能殺死細菌而不能殺死病毒，且水中的含氟量太高，會引起地方性的氟中毒，產生氟斑牙與氟骨症。

圖2-3 含有毒性或重金屬的廢水會危害人體健康

二、化妝品汙染

人們已對產生汙染的各種因素，及其對人體的毒性、致癌、致畸和遺傳毒害進行了廣泛的研究。而唯獨對於天天塗抹的化妝品未能予以足夠重視。其實，化妝品危害人體的事例，古今有之。

古代，宮娥妃子、貴婦嬌娃使用含有重金屬鉛和鉻、硫和水銀等化學物質的紅、白粉膏，發生中毒及皮膚炎的事例，屢見不鮮。日本成年女性中1/3有化妝品毒害經歷，每1,000人中就有1人曾接受專門治療，有些受害者向廠商提出了訴訟。

化妝品另一主要成分香料，由於以煤焦油為原料的合成香料廣泛使用，致使化妝品對人們的危害大大增加，對DNA的傷害最甚。色和香對細胞產生的異變和對DNA的傷害，在染劑中反應十分突出，它已成為美髮師職業病的病因，科學家開始注意合成染髮劑對染髮女性的乳腺癌、子宮癌、畸形兒的相關關係。此外，化妝品的染料中，含有多種重金屬，它們對皮膚、黏膜DNA均有傷害作用。染髮劑可使白髮、黃髮變得烏黑發亮，但是，有的人染髮後常常發生頭皮及面部皮膚過敏反應，多在染髮後數小時或數日，先有皮膚搔癢，隨之出現紅斑、丘疹、水泡，滲液甚至糜爛。

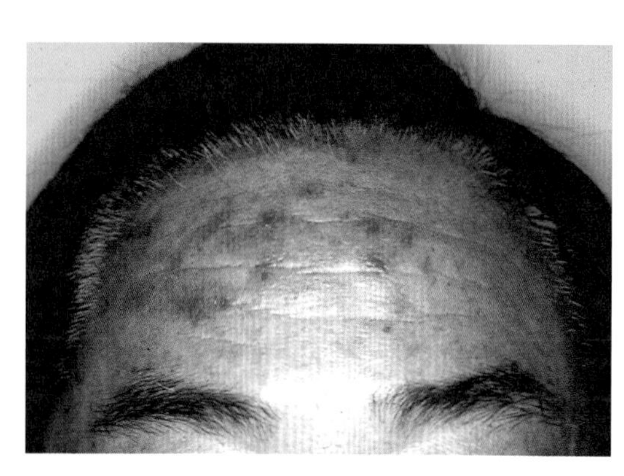
圖2-4 染髮造成的皮膚炎

由於外用某些含有光敏物質的唇膏或攝入某些食物，經日光照射後而引起光敏反應，造成光化性唇炎，皮損常生在下唇，下唇唇紅區域的黏膜發生急劇水腫、充血、水泡。接觸性唇炎則是由於唇黏膜接觸了某些致敏物質而發生的一種炎症反應，這些物質有化妝品（如口紅或唇膏等）、刺激性食物（如橙、芒果等）、漱口藥水、牙粉及習慣於吸吮金屬髮夾等。大量增加的各類化學新產品是導致過敏性皮膚炎的主要因素，過敏性皮膚炎是指由於與各種天然的或人造的物質直接接觸而導致的接觸部位皮膚潮紅或炎症，化妝品引起的過敏性皮膚炎，皮疹不一定出現在使用化妝品的部位，比如，眼瞼或頸部的皮膚炎常常是由指甲油或噴髮膠引起的，化妝品過敏性皮膚炎同樣常見於青年男子，剃鬚霜、染髮劑、髮膠肥皂、防曬霜等等都可能致病。

化學性防曬劑的防曬機制，大多為人工合成的化合物，吸收紫外線後，可能造成化學結構的改變，當這些化合物吸收足夠的紫外線能量時以螢光、磷光或熱能釋放到皮膚中，因而造成皮膚發炎，即皮膚的光毒反應。

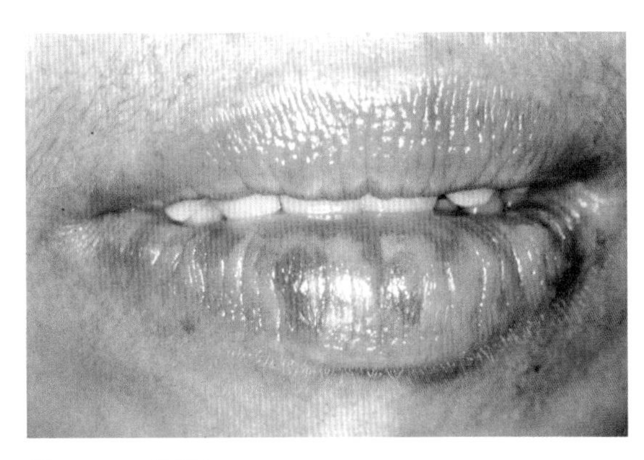

圖2-5 口唇炎

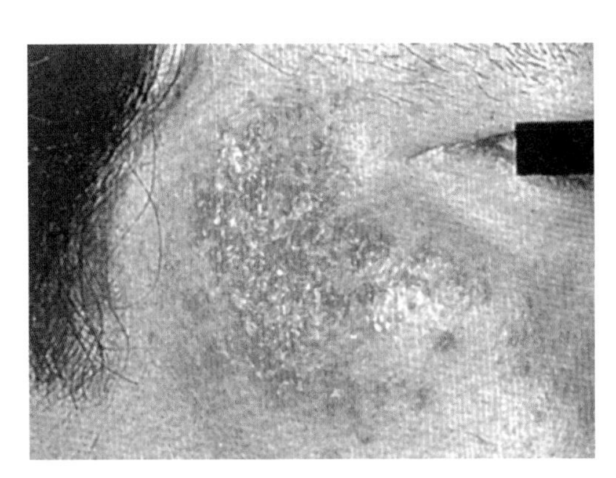

圖2-6 化妝品皮膚炎

今天，市場上五花八門的化妝品，它們所含的化學物質名目繁多，有些已證實不利於人體，有些尚待進一步研究。即使它們在化妝品中含量極微，但長期使用，積少成多，其危害性也會相當可觀。因此，關於化妝品的汙染問題，應當像藥物和食品那樣受到應有的重視和監督，以保證人們的健康。

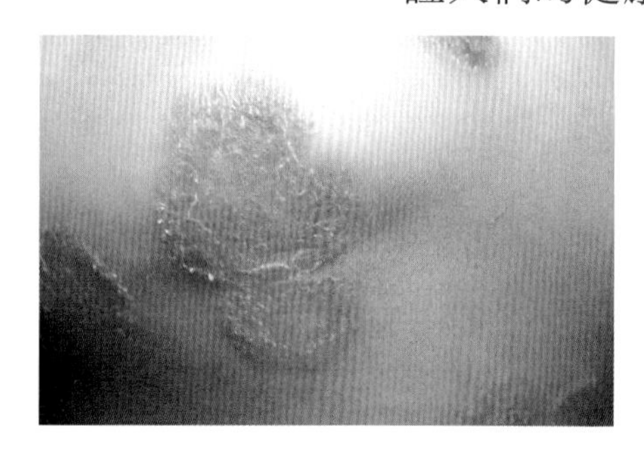

圖2-7 毳毛部白癬

三、不良的衛生習慣

當環境過於髒亂或潮濕時，容易引發細菌、真菌在皮膚上的孳生或昆蟲的寄生引起皮膚化膿，有白癬、疥癬等皮膚問題。任何造成皮脂腺分泌阻塞的做法都會加重痤瘡，例如沐洗不勤、噴髮膠、泡沫膠等，在加油站或餐館工作的年輕人由於經常接觸油脂，痤瘡發生率尤其高。另一種機械性痤瘡是身體特定部位受物理性刺激的結果，一個常見的例子便是玩橄欖球的青少年的額、頰、背部發的痤瘡，因為他們戴著頭盔、護頰帶和護肩墊，摩擦加上大量出汗，使這些受壓部位產生痤瘡。

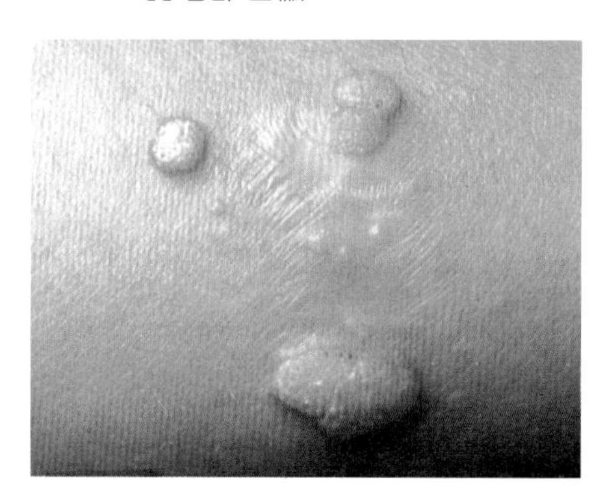

圖2-8 扁平疣

疣是由乳突狀病毒引起的皮膚新生物，具有傳染性，很難看且有時是疼痛的，在擁擠的地方，如公共澡堂、健身房、游泳池都可能被傳染，通常發於手指、手背和足部。扁平疣則常常出現在孩子和青年人的面部和手背。

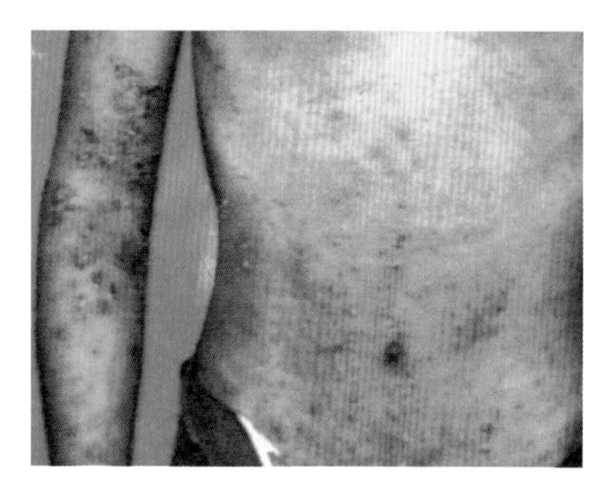

圖2-9 疥蟲引起的全身皮膚病

蝨子已成為全球一個影響公共健康的禍害，惡劣的居住環境、不講究個人衛生和過度擁擠都會使牠更加猖獗。

疥瘡常常與貧窮、住房擁擠、衛生條件差相繫，由疥蟎引起，疥瘡的特徵是劇癢，最常見於指縫、手腕內側和肘部，還有靠近腋窩的胸部、肚臍周圍、臀部、乳頭和陰莖。

四、季節與氣候變化

皮膚在陽春到初夏之間隨著氣溫上升，皮膚的血液循環加速，促進新陳代謝，皮脂腺體活絡，分泌較多皮脂，常造成毛孔阻塞情況，產生粉刺及面皰。晚秋到冬季則因溫度驟下使皮膚機能衰退，加上空氣乾燥，使皮膚變得乾燥，造成皮膚乾裂及凍裂等狀況。陽春及初秋則因氣溫變化，易造成皮膚敏感情況。

長年曝露在寒冷中會使角質增厚及纖維退化，有時會因寒冷而使雙頰變成紫色，引起毛細血管破裂的情況。皮膚由於受寒冷刺激後引起局部血管痙攣、麻痺，靜脈擴張而導致不同程度的皮膚炎症。

另外，鞋襪過緊、缺乏運動、站立過久等皆可能促使凍瘡發生。皮膚乾燥往往在冬天比較嚴重，當氣溫下降時，相對濕度也降低，皮膚表層大量失水，造成有鱗屑和有時搔癢的乾性皮膚。

圖2-10　冬天氣候乾燥，皮膚容易有鱗屑或搔癢

人工取暖器則會加劇濕度的下降，它們在加熱空氣的同時，也烘乾了空氣，這乾熱的空氣就像海綿一樣膨脹，吸取附近物體如植物、家具和我們皮膚中的水分。汗斑多在夏季發病，其皮損因紫斑、白斑交叉而並存；冬季減輕或消失，夏季常復發，皮疹常以多汗部位較明顯，如頸、胸、背、腋、腹部及四肢近端。

五、陽光的傷害

大氣層中的臭氧層不斷遭受破壞，使得到達地面的紫外線不斷增加，皮膚長時間曝露在陽光下，極容易受到紫外線對皮膚傷害，如角質層增厚、皮膚缺乏水分失去彈性、乾燥龜裂；真皮層纖維組織變性失去彈性而造成不正常分裂，免疫力減弱，因而使得皮膚癌發生的機率大增。若依照波長分類，可將紫外線分為三個主要的範圍，對皮膚各具有不同程度的傷害：

（一）UVC，波長 200~290nm

只到達角質層及表皮的顆粒層，且易被表皮反射，大多在穿透臭氧層時即被吸收，因此對皮膚的威脅較小。

（二）UVB，波長 290~320nm

可到達表皮層乳頭的血管，使得皮膚發紅、曬傷並造成黑色素的增加，一般在曝曬後3~4天即遷移至表皮及角質層，故使得表皮變黑。由於UVB的能量高於UVA，所以相對之下，對皮膚的灼傷及紅斑程度比較嚴重。

（三）UVA，波長 320~400nm

會深入真皮層，破壞真皮層結締組織，造成皮膚嚴重曬傷，引起皮膚的老化；且使原本在表皮層的黑色素發生暫時氧化，故造成立即性曬黑，但因能量較弱，較少產生紅斑。

圖2-11　皮膚長期暴露在陽光下，易受紫外線傷害

日光中的紫外線會使皮膚提早老化，產生皺紋，導致癌症以至於死亡。根據皮膚癌基金會總裁羅賓士醫師指出，90%皮膚癌係因陽光中紫外線而起。目前環境汙染破壞了保護地球的臭氧層，而致更多的紫外線滲入地球。很容易曬傷皮膚的人，即屬於皮膚癌的高危險族群。紫外線對人體之傷害並非一日造成，它是累積而成，沉澱於皮膚下層，無法用肉眼觀察得出，當人體被紫外線攻擊時，便會製造黑色素自我保護，這種機能因人種而異，通常黑人產生紅斑的比率較低。

第二節 內在造成的皮膚問題

一、飲食問題

皮膚的健康有待充足的營養攝取，當營養不足或不平衡時，常出現許多外顯的皮膚問題，而在某些時候，當皮膚有病變時，更當注意飲食禁忌，以免使症狀惡化。

(一) 有礙皮膚健美的食品

1. 桃子：如果在患有某些慢性及炎症性皮膚病時，則不宜久食或多量的食用。
2. 甜瓜：患有某些慢性疾病及身體虛弱的人，久食或過多的食用對身體是有害而無益的，尤其是患有腳氣病、黃疸病及皮膚長瘡者。
3. 菠菜：皮膚長瘡、下肢萎弱及腎炎患者不宜食用菠菜，否則易使症狀加重。
4. 茄子：皮膚長瘡或眼睛有疾患者則不宜食用過多的茄子，否則將會加重病情。
5. 魚類：魚對某些患有疥瘡的病人是特別忌食之物，尤其是過敏體質者，食後可能誘發或加

圖2-12 營養不足或不平衡會出現皮膚問題

重疾病，延長病程。這些魚有鯧魚、白鰱魚、黑鰱魚、鱒魚及海米等。因此，在患有疥瘡、癬、疔、癰等紅腫熱痛的疾病及過敏性皮膚病時，應忌食易誘發此病或加重此病的魚類。

（二）由食物引發的皮膚問題

1. 蕁麻疹：如草莓、堅果、巧克力、魚、牛奶、雞蛋、豬肉、橘子、香蕉、人造糖精等易誘發蕁麻疹。食物被攝入後，在形成抗原之前，需要在體內消化吸收，消化吸收的這段時間實際上就是食物過敏的潛伏期，食物多次食入後才會引起過敏，但亦有初食入者，尤其是患過敏體質者顯得較為明顯。

圖2-13 巧克力是容易誘發蕁麻疹的食物之一

2. 柑皮症：主要是長期進食過多胡蘿蔔素和葉黃素含量豐富的水果及蔬菜之後，如南瓜連續吃60天以上，皮膚可因胡蘿蔔素未經變化而由汗腺的汗液排出體表，引起血清中橙黃色色素濃度過高並沉著於角質層的一種皮膚病。此外番茄紅素見於馬鈴薯、甜菜、辣豆和各種水果及漿果中的紅色胡蘿蔔樣色素，若大量的攝入這類食物可引起皮膚淡紅色的皮損傷和肝功能異常，皮膚顯示為橙色、青銅色，以掌部較明顯。

（三）營養攝取失衡造成的皮膚及頭髮問題

1. 醣類：缺乏主要熱量醣類的攝取會使醣類的代謝降低，伴隨著脂肪酸的氧化增加，造成酮中毒的現象，使全身產生痠痛，嚴重者會導致昏迷；醣類攝取過多則會造成肥胖。

2. 蛋白質：缺乏攝取蛋白質會有營養不良的情況，易造成皮膚病變、髮色改變等情況，例如兒童頭髮會變紅。
3. 必需脂肪酸：缺乏必需脂肪酸的攝取則易造成濕疹性皮膚炎及脂溶性微生素的缺乏。
4. 維生素A：維生素A的缺乏會引起皮脂腺及汗腺的萎縮，表現為眼部、皮膚、氣管等比較乾燥，並有毛囊角性丘疹，通常從大腿的前外側或上臂的後方外側開始發疹子，接著往上肢或下肢延伸，最後會散布到臉及脖子後面，且有輕度瀰漫性脫髮，產生早禿；指甲失去正常光亮，可出現縱脊、橫紋、點狀小窩、枯槁或變脆。
5. 維生素B_1、B_2：缺乏維生素B_1，皮膚會有水腫及舌灼感。缺乏維生素B_2，最常見於酒精中毒者，容易產生口角炎，鼻和唇的皮脂溢漏、眼瞼炎、口唇病變、過度皮膚色素沉澱。

圖2-14 各種維生素的適當補充可避免皮膚問題

6. 維生素B_{12}及葉酸：缺乏維生素B_{12}及葉酸，容易有色素過度沉澱在臉部及手部，最嚴重則會導致頭髮灰白及貧血。
7. 菸鹼酸：菸鹼酸缺乏症又稱尼克酸缺乏病，也稱糙皮病。嚴重時表現為皮膚對太陽光十分敏感。
8. 維生素C：缺乏維生素C會使臉上容易長雀斑及黑斑。
9. 維生素E：缺乏維生素E會使皮膚容易產生皺紋及鬆弛的情況。
10. 礦物質：缺乏鈉和鉀會導致皮膚乾燥並產生皺紋；缺乏銅與鋅會使皮膚失去彈性；當飲食中缺乏銅、鈷、鐵，頭髮會變黃或白；缺鐵時頭髮可能變得粗而乾燥；缺鋅則可能引起全禿。

(四) 嗜好食品對皮膚保健的影響

1. 抽菸習慣：香菸中的尼古丁和一氧化碳會降低血液循環，引起腦細胞缺氧，且透過甲狀腺之運作，會促使皮下脂肪減少，消耗掉維生素C而影響膚色美感。
2. 過度攝取酒精：會大量消耗維生素B群營養素，造成皮膚粗糙、過油及頭髮黏膩等情況。
3. 過量飲用咖啡：每天飲用4~6杯咖啡者，易將水溶性維生素B群排出體外，而容易產生缺乏維生素B群的症狀。

表2-1 營養素之食物來源

營養素名稱	來源食物
醣類 （多醣類）	麥片、麵包、麵食、米飯類、全穀類（加工添加營養素）、玉米、馬鈴薯
蛋白質 （完全蛋白質）	蛋、奶、乳酪、肉
脂肪 （必需脂肪酸）	植物油、紅花油、玉米油、大豆油、葵花油
維生素	A：肝臟、蛋黃、乳酪、人造奶油、牛油、綠色及黃色蔬果 D：牛奶、魚油 E：蔬菜油、牛奶、蛋、綠色蔬菜、肉、穀類 K：綠色蔬菜、肉、蛋、乳製品、穀類、蔬果 C：柑橘類、番茄、西瓜、甘藍及葉菜類、馬鈴薯 B群：瘦肉、牛肉、肝臟、牛奶、全穀類、豆類、綠色蔬菜、酵母
礦物質	鈣：乳類及乳製品 磷：乳類及乳製品、肉、蛋、穀類 鈉：食鹽 鉀：水果及蔬菜 鎂：核果、豆類、胚芽 氯：食鹽 硫：動物性蛋白質 鐵：肉類 碘：海鮮類 鋅：海鮮類、肉類 硒：海鮮類、肉類、肝臟

二、睡眠障礙

一般睡眠足夠的人，在一天睡意最高時期，以午夜2點以後至午後3點最高。夜晚的睡眠不足，會造成白天嗜睡、注意力不集中、情緒不穩定、不安及憂鬱、壓力感大、失去活力、工作效率低、體重增加、免疫力降低、怕冷等情況。經由實驗發現，人可靠意志力及不斷補充食物保持清醒，最多持續到4天，接下來就受不了睡意控制。

因此，所謂失眠即是睡眠障礙，包括入眠障礙、要20分鐘以上時間才可入睡，半夜好幾次醒來，過早清醒及不停作夢的情況；一般失眠與生活上的壓力、精神煩惱有很大關係。除了因病疼痛或年老引起睡眠障礙，大多數的人屬於憂鬱性或神經性的睡眠障礙。神經性的睡眠障礙，由於個性較神經質，容易有失眠神經性，即失眠稍一持續，就會懷疑是不是會一直失眠下去，或是懷疑是不是患了什麼病，因害怕或擔心失眠而造成心理壓力，加深入眠障礙，或因為煩惱過多或常感到不安或心裡有所記掛，比較容易作惡夢或時常醒來，使得熟睡期太短，常沒有睡飽感，整天迷迷糊糊的。另外，有憂鬱傾向的人，會整天悶悶不樂，其他伴隨有食慾不振、疲勞感、很容易入眠，但到半夜或黎明便容易醒來，再也睡不著。

圖2-15 睡眠障礙

足夠的睡眠，可以有效調節消化系統、心血管與免疫功能，活化我們的體能，建構認知能力，使我們的感官意識休息。腦神經元整個活動只比醒時降低10%。人體的整個能量代謝是由自律神經所掌控，交感神經主要是負責人體活動，屬於白天的管理，副交感神經則負責休息及營養供給，在夜晚時建造及修補體內組織，提供營養給基底細胞，使皮膚代謝正常，表皮細胞的核分裂、產生新細胞，都是在夜間進行，尤其是在21點至凌晨1點這段時間細胞活動力最強，尤其以凌晨1點為最高峰，若沒有充足休息，將引起器官機能障礙，出現不健康的蠟黃膚色，且營養及氧氣的供給不足，容易使皮膚老化。

三、老化

皮膚的老化有些是荷爾蒙的影響作用，有些是皮膚器官本身的改變，有些是環境因子造成。老化時間因人而異，通常女性在更年期停經之後會發生較明顯的老化。老化的現象可由以下幾方面討論：

1. 皮膚機能的衰退

皮膚因老化而使皮膚的分泌作用和新陳代謝衰退，因此皮膚會變得乾燥，使保護作用降低，日曬後常有發癢感覺。

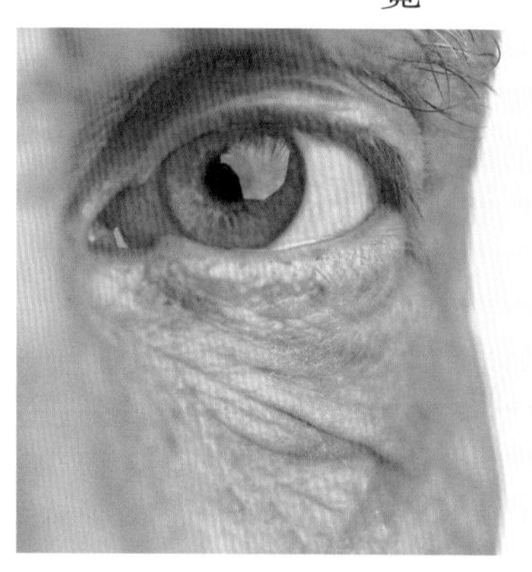
圖2-16　老化皮膚

2. 皺紋

皮膚的老化現象，初期會引起皮膚表面乾燥或表皮細胞新陳代謝的混亂，真皮層的老化主要是在水分的流失及結締組織的變化，小皺紋的形成是真皮暫時性的缺水，接下來引起膠原纖維彈力纖維等變性，使保濕功能衰退，皮下脂肪減少，產生皮膚鬆弛現象，嚴重者會使皮膚變薄，可以看到微血管，乳頭體也會衰退而造成表皮突起與真皮乳頭的界線變平坦。

3. 色澤變化

老化的皮膚會使臉部或手腕部分發生黑斑，或在胸部、腹部、背部及手臂處發生白斑，40歲前後可看到手臂及小腿上黑色或白色的斑點，彈力纖維的變化或水分的減少，會使皮膚呈現黃色，另一方面血液循環變緩慢，致使血流量不足，是造成缺少血色的原因，但是鼻子或頰部血管反而會擴張，使老人常見如紅絲線盤的血管出現，或在腕部、身體部分出現如紅寶石模樣的紅痣。

4. 嘴 唇

年長後唇部顏色會變得濁而黑暗，也會產生很多皺紋。

5. 指 甲

老化的指甲會形成無數直縱的細小皺紋，會變得乾燥，同時也失去光澤。

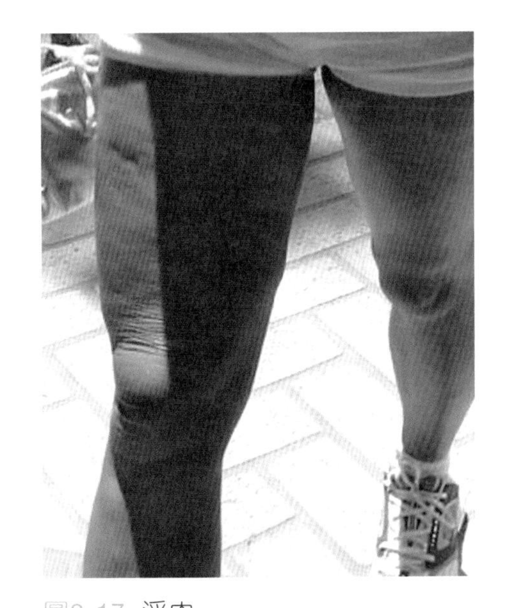

圖2-17 浮肉

6. 皮下脂肪的變化

老化時皮下脂肪會減少，但在腰圍、下腹部及下巴處會有較多的脂肪沉澱，形成老化性的浮肉，在中年婦女中，體重超過正常範圍的就比較容易得到子宮癌和乳癌。

四、內臟功能與皮膚狀況

（一）膚色與身體機能

膚色是皮膚的營養狀況及血液循環狀況的反映，可以用來判斷身體機能狀況：

1. 膚色白：蒼白無血色，有貧血、循環血量不足、心臟功能衰弱等情況。有浮腫現象，交感神經興奮降低，心臟功能減弱，能量代謝降低等情況。淡白而消瘦，表示人體營養不良、貧血等情況。
2. 膚色黃：膚色發黃為血清中膽紅素濃度增高，副交感神經興奮增高、交感神經興奮降低、脾臟舒張、有效循環血量減少、貧血、十二指腸吸收功能減弱、營養不良。而支配肝與胃、十二指腸和胰的脊髓中樞的節段重疊，因此肝臟可以影響脾胃功能；功能不佳時膚色黃而晦暗，若膚色黃而鮮明則為黃疸現象。
3. 膚色紅：滿臉通紅，有交感神經興奮導致腎上腺素、腎上腺皮脂素、甲狀腺素分泌增加，心臟功能加強，能量代謝加強，體溫易升高的現象，常見於午後兩頰泛紅。
4. 膚色青色：膚色發青，顯示交感神經受抑制，代謝率降低、心臟功能減弱、靜脈回流受阻，細小靜脈和毛細血管內血量增多，由於血流速度緩慢，血液中耗氧過多，皮膚呈青紫色，代謝物增多，會刺激游離神經末梢，出現疼痛。
5. 膚色黑色：有細小靜脈擴張的情況，造成面部，尤其是眼眶周圍皮膚呈淺黑色。腎功能衰退，由於尿毒素無法順利排出，此時皮膚容易發黑而癢，另外血管也較脆弱容易出血，而形成紫斑，日久造成色素沉著。

（二）皮膚問題與內臟關係

酒糟鼻常在皮脂溢出症和尋常痤瘡的基礎上，由於某些內因和外因致使皮膚血管運動神經機能失調，毛細血管擴張而致病，此病可以發生於任何年齡的男女，大多數發於30~50歲的婦女，其原因可能為胃腸功能障礙、內分泌失調、神經因素、病灶感染、嗜酒、辛辣刺激性食物。少白頭中醫學稱「白髮病」，如內分泌功能異常、精神過度緊張、憂愁、焦慮、遺傳、營養不良、患有長期慢性消耗性疾病、動脈硬化及飲食中缺乏某種蛋白質、飲水中缺乏某種微量元素，均可干擾或破壞毛根的色素細胞，使頭髮易變白。荷爾蒙的分泌異常與痤瘡有密切的關係，女性在月經前後常有痤瘡發作，青春期男性荷爾蒙的分泌旺盛易長痤瘡，據報導長期大量口服避孕藥也可引起痤瘡，肝斑的產生也與女性荷爾蒙有密切的關係，尤其隨著年齡增加，產生機率越高，常見有孕斑、蝴蝶斑等。肝臟功能不佳，皮膚偏油性，嚴重者在前胸有蜘蛛網狀的血管擴張現象。

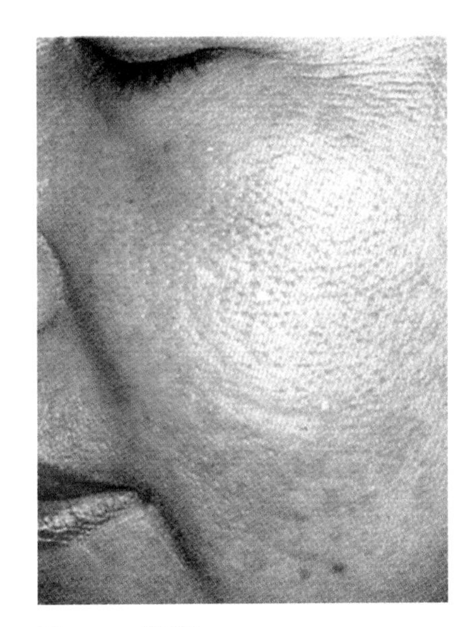

圖2-18 肝斑

五、情緒失衡

精神上的壓力會使身體失去平衡而處於不正常狀態，國外有人把這種狀態稱作「緊張狀態」，長期、高度的緊張對人體健康是有害的。中醫認為如果精神受刺激較嚴重或持續時間較長，以致造成過度興奮或抑制，就可能引起人體陰陽失調，氣血不和，經絡阻塞，五臟六腑功能紊亂而發病。

情緒的生理反應表現在內臟及軀體神經的機能，在大腦邊緣系統及丘腦下部有控制情緒和調節內臟活動的神經中樞，壓力及緊張的生活易造成荷爾蒙失調形成臉上的肝斑或痤瘡。剝脫性唇炎通常受情緒因素的影響，此病多見於青年女性。蕁麻疹有時是精神壓力的反應。腋臭是指腋窩及身體其他部位散發出一種較難聞的氣味，近似狐狸的臭味一樣，故又稱狐臭、胡臭等，在情緒激動，汗液增多，或是受熱、飲酒等情況下，均會使臭味加重。

3

Chapter

皮膚的保健方法 I

人類本性中就有普遍的愛美的要求。

～黑格爾

第一節　預防汙染的侵害

預防汙染的侵害就是創造良好的生活環境，包括以下幾點：

1. 空氣新鮮：當空氣中二氧化碳、一氧化碳、氮氧化物、可吸入顆粒物、空氣微生物等低於衛生標準即顯示出空氣的清潔度，生活在都市叢林的人可以藉由空氣清靜機，控制室內空氣品質，並利用負氧離子的排出，改善人體肺活量，降低血壓、調節交感神經達鎮定作用，並且有助於消除疲勞，最好不要使用除臭劑、樟腦丸、噴霧劑及備用的油漆及溶劑。在生活中注意做飯時應打開門窗，避免一氧化碳中毒，如發現牆壁有放射性物質，可貼塑料壁紙，每天開窗通風為佳，用洗碗精洗碗時應將水量調節較小，減低吸入水蒸氣的量。此外，長期居住在全封閉的屋內，吸入過多陽離子可能導致身心症等空調症候群，可在室內栽種植物，藉由泥土裡的細菌吸收陽離子以避免空調症候群產生，例如非洲菊、杜鵑花、鳳尾草、蝴蝶蘭、菊花、龍舌蘭、虎尾蘭及長春籐都很適合室內栽種。
2. 局部氣候的控制：主要為室內溫度，一般室內外溫差以不超過7℃為主，夏季注意降濕，利用電風扇

圖3-1　創造良好生活環境可預防汙染的侵害

及自然通風去暑氣，冬天則注意提高濕度及保暖，濕度約在40~60%為佳，28℃以上再開冷氣，且維持在24~26℃之間，並在室內放置水盆，以防止過分乾燥。

3. 居家採光要留心：保持玻璃清潔，讓光線自然照射到屋內，有助於殺菌，室內天花板與牆壁的光潔有助於採光，灰塵含量高時也會影響採光，所以不宜在屋內抽菸，白天不拉窗簾為佳，每天不要少於2小時日照。
4. 避免噪音汙染：一般活動的音量不要高於70分貝，如課間休息的喧嘩聲，睡眠及休息應控制在50分貝以下。
5. 減少汙染源的器具使用：不使用鋁製及鐵氟龍的廚具，使用玻璃、生鐵表面鍍上瓷器與珐琊的生鐵陶製或不鏽鋼製品、地板改用硬木、瓷磚、磨石子，如要使用地毯則選用草蓆、棉、羊毛毯及天然纖維的材質。
6. 飲用水的水質衛生要注意，可用潔淨的玻璃杯盛滿一杯水，觀察其透明度，先在亮處觀察，水若晶瑩透明，表示水質良好，若有顏色表示水中有雜質，含氧化鐵的水呈紅色，含錳較多呈黑色，含鈣較多呈綠色，此外，含鋅量高時會有金屬澀味，含鐵量高時會有鐵鏽味，若水中有腐植有機物汙染會有腐敗氣味，可用臭氧消毒殺菌。而保健飲水應注意以下幾點：

圖3-2 晶瑩透明表示水質良好

(1) 成年人每日飲水量為3,000 c.c.，活動量越大，飲水量也要越多。

(2) 口渴時，先喝幾口溫水，然後每隔半小時，再喝一次，以免短時間內喝水太多，使腹部發脹，造成消化不良。

(3) 不要喝放置過久及在火爐上放置時間過長的開水。

(4) 進行消毒過的水，應放置片刻，或進行攪拌，減少氣味。

7. 注意飲食：據環境的特點科學的安排日常飲食，有意識的多吃一些含有某種營養素的特殊食物，完全有可能減輕或解除環境汙染對人體帶來的危害：

(1) 胡蘿蔔不僅含有豐富的胡蘿蔔素，食後可增加人體維生素A，而且內含大量的果膠物質，與汞結合，能降低血液中汞離子的濃度，加速體內汞離子排除，故有驅汞的作用。

(2) 印刷工人應多吃牛奶、大蒜及富含維生素C的食物，可有效預防鉛中毒。

(3) 綠豆是一種良好解毒劑，對多種中毒，如農藥中毒、金屬中毒以及食物中毒均有防治作用。

(4) 豬血有防止粉塵和金屬微粒吸收的作用。豬血中的血漿蛋白被人體胃酸分解後，便產生一種可消毒、

圖3-3 某些食物所含的營養素可減輕或解除特定的環境汙染造成的危害

滑腸的產物，它與粉塵、有害金屬微粒發生生化反應，然後從消化道排出體外。

(5) 建議經常接觸放射物質的人適當多吃些海帶並多喝茶。茶葉素有「原子時代的飲料」之美稱，根據研究資料，日本廣島原子彈爆炸中，凡有長期飲茶習慣的人，放射性傷害較輕，存活率較高。茶葉中含有多酚類物質、酯多醣、維生素C，能吸收放射性元素鍶。另外，多吃蛋類、豆類和奶類等高蛋白食品，可以補充因放射性損害而引起組織蛋白質分解。

(6) 處於噪音環境下的工作人員，在飲食中應補充維生素B_1、B_2、B_6等，對於預防聽覺器官的損傷、改善聽力、減輕噪音疲勞等大有益處。

(7) 電腦螢幕會釋出少量放射線，日積月累，使眼睛在黃昏或夜間看不清東西。所以，常在電腦螢幕前工作的人，應多吃些含維生素A、B_2、C與富含鈣質的食物，防止眼睛的職業性損害。

第二節 有效防曬

日光浴可以使皮膚產生維生素D，讓膚色看起來很健康，可以逐漸並適當增加日曬程度以鍛練皮膚，使其角質變厚，增加黑色素以防止曬傷。防曬的方法很多，包括撐傘、戴帽、戴太陽眼鏡及擦防曬品等，且在飲食上應注意減少攝取易引起光敏感的食物，包括柑橘、葡萄柚、芹菜、檸檬、無花果等蔬果，以減少日曬後紅腫情況。避開日曬最強的時間：上午10點到下午2點，通常在水邊、沙灘及雪地日曬程度比城市中高出很多。Dr. Sergio Nacht指出當人的身體遭到紫外線的侵害時，皮膚便會產生黑色素作為自我保護，這種機能因人種而異。兒童特別容易受陽光的傷害，人的一生中曝露於陽光最多之時間為孩童期，因此兒童特別需要受到保護，使用防曬產品。研究指出18歲以前就持續使用防曬產品者，其皮膚癌產生機率比未使用者少78%，而Nacht醫師強調，90%光傷害所導致皮膚癌者，多數為10歲以前就被累積於體內。為達較理想的效果，市面上常於一種防曬產品中加入一種以上的防曬劑，以便遮蔽較廣大的波長範圍，至少需要同時顧及280~400nm的波長範圍。一般常見的防曬劑，依其組成成分及作用原理機制的不同，可區分為物理性防曬劑與化學性防曬劑兩種。

圖3-4 防曬的方法包括撐傘、戴帽、戴太陽眼鏡及擦防曬品等

物理性防曬劑主要為不溶性的無機金屬氧化物，如常見的二氧化鈦及氧化鋅等，其防曬

原理是利用反射及散射，遮蔽及隔離部分陽光中的紫外線及可見光。效果確實，且對皮膚較無刺激性，若與化學性防曬劑合用，則可發揮相乘效果，大大提高防曬係數(SPF)。一般坊間防曬產品對防曬係數都有明確標示，PFA（或FA）表示隔離UVA的程度，SPF表示隔離UVB的程度，係數越高或＋號越多則隔離狀況越佳，效果越好，SPF20表示可延緩日曬時間20倍，僅有1/20穿透皮膚的可能性，隔離掉95%的UVB。

第三節　正確使用化妝品

在化妝品衛生管理條例中針對化妝品的管制及規定有很詳盡的說明，其中化妝品的主要作用是用以潤澤髮膚、刺激嗅覺、掩飾體臭及修飾容貌之用，可分為一般化妝品及含藥化妝品，一般化妝品只需接受抽查檢驗，含藥化妝品上市前則需申請備查，給予核准字號始得生產，通常是衛部（署）粧字或衛部（署）粧輸等字號，除此一般化妝品其仿單或外包裝上應註明品名、用途、容量、重量、使用方法、廠商名稱、地址、保存期限、製造日期及注意事項等。在購買時可以注意外包裝是否有破損，打開確認是否有雜質及沉澱物，是否有異味等現象，並利用試用品抹於手肘內側，看是否有敏感或刺激等不良反應。如果皮膚過敏或刺激發炎，請先回憶出現紅斑皮疹前是否使用了新的化妝品，並停止使用任何可能導致不良反應的化妝品及所有有氣味的製劑、膏體等化妝品一週，宜使用溫和的、不含香料的肥皂，然後逐漸地每次只使用其中一種化妝品。此外，在選用化妝品時，最好請教具專業素養的銷售人員做居家使用指導說明，以減少不適用情況，對於以誇大不實且強調療效的廣告進行宣傳的化妝品，應拒絕使用，以免因過度期待而帶來身心傷害。

清潔用品係由天然或合成界面活性劑所組成，其目的在於去除汙垢、空氣汙染物、鱗屑細胞、皮膚分泌物及病原微生物等，以達成衛生效果，但是過度使用會影響皮膚狀態，可能導致紅斑、乾澀及粗糙。對於化學洗劑會敏感者，可以選用天然洗顏粉，如玉米粉、綠豆粉、奶粉、蛋粉、小麥粉或米糠等，利用粉末和汙垢間吸附作用，以物理作用來達到洗淨效果。維生素E和C的抗氧化特性，有效中和對皮膚有傷害的自由基，因此維生素、礦物質、植物最近廣泛使用於保養品中。

皮膚乾燥的原因除了外在環境改變外尚有內在角質層保水機能異常，而乾燥的程度及種類則因個人體質有所差

圖3-5 各種化妝品

異。對於乾燥肌膚的護膚而言，油脂類與保濕劑是常用的皮膚改善劑，凡士林、羊毛脂能簡單抑制角質層水分蒸發，但對於已有痤瘡者，會加速惡化，而尿素、乳酸、甘油等保濕劑能有效的增加皮膚含水量，提高保濕效果，對一些皮膚方面的病變，例如特異性皮膚炎、魚鱗癬、乾皮症等乾燥皮膚的症狀也有改善效果。

圖3-6 面膜

皮膚分泌過多皮脂容易造成毛孔阻塞，形成黑頭或白頭粉刺乃至於膿皰，因此應選用弱酸性的皂類或保養品以平衡皮膚表面的酸鹼值，防止細菌滋長。預防皮膚的敏感現象首重保濕，應加強保濕產品的應用，使真皮層及角質層的保水量增強，增加皮膚的抵抗力。

面膜的作用主要在使皮膚與空氣隔離，毛細孔放大，將廢物藉由蒸發排出體外，達到深層清潔的效果，同時可使水分停留在角質層，增加皮膚的含水量。所以，在敷完臉後的皮膚往往較平常更光潔白皙，而密封的敷面效果可以刺激臉部的血液循環，使養分及氧氣能補足基底細胞的需要。常見的面膜產品有泥狀、粉狀、剝除狀、酵素類、果凍狀等類型，專業上也有用來促進水分停留在表皮的膠原面膜，及呈石膏狀以微溫促進血液循環的熱導膜等。自製面膜不失為一種既環保又安全的方法，常用來自製面膜的有水果、蔬菜、蜂蜜、雞蛋等，例如：(1)草莓、蘋果、小黃瓜可用來收斂皮膚；(2)香蕉、酪梨及蜂蜜可以用在乾性及敏感性皮膚；(3)生馬鈴薯泥及蛋白可以用在油性皮膚。此外，有些藥草茶也可用來敷臉，常用的有：(1)甘菊茶，有安撫皮膚效果；(2)薄荷茶，對油性皮膚有消毒作用；(3)紫草根茶，有收斂皮膚的效果。

第四節　有效按摩

一談到皮膚保健，最讓人有直覺的聯想，除了化妝品的應用外，就是按摩手法的輔助效果，一般人對按摩的看法，主要在刺激皮膚的新陳代謝，加速血液循環，使皮膚能吸收到由微細血管所供給的養分及氧氣，但很少人瞭解到什麼是能達到皮膚保健效果的按摩方式，事實上，表面的按摩無法使血液循環順暢，因此，正確的按摩是利用一定的力道，使皮膚的溫度升高，按摩方向是順著肌理的走向，由下往上、由內往外，每次按摩時間約10~15分鐘。

如果只有進行臉部的按摩，皮膚保健的效果通常只有一半，因為好的氣色及皮膚的光滑度維持不了多久，最好的方式是在洗澡時進行全身的按摩，可以利用敲打、搥擊、扣拍的方式使皮膚循環加速，或沿脊椎兩側由上往下的指壓方式，藉由皮節神經刺激原理，強健內臟功能；中醫理論認為，經絡暢通，氣血調和，則能營養全身，以利生長發育，維持正常生理功能，使筋骨強壯，身體健康。大家知道，人體內存在著能量的通路，如果能量流通正常，內臟功能就可以規律化，健康也得到維持。中醫將這種能量的通路稱為「經絡」。經絡上的點——穴位，與經絡經過的內臟密切相關，有效的保健按摩便是利用指壓方式刺激臉部穴道，使氣血循環更順暢，通常每個指壓點約壓3~4次，每點施力時間約3~4秒，逐漸用力。

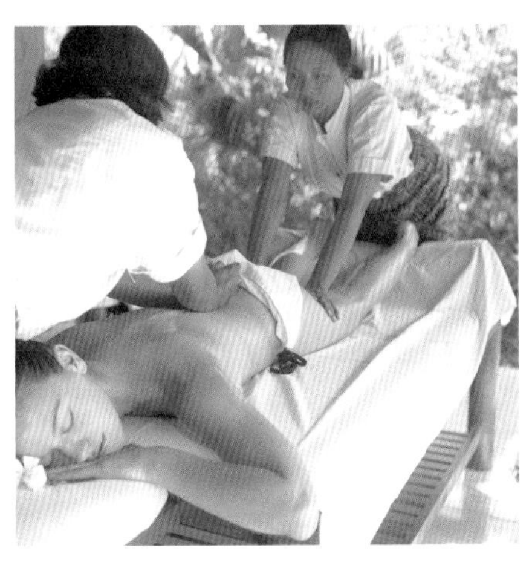

圖3-7 按摩可以刺激皮膚的新陳代謝

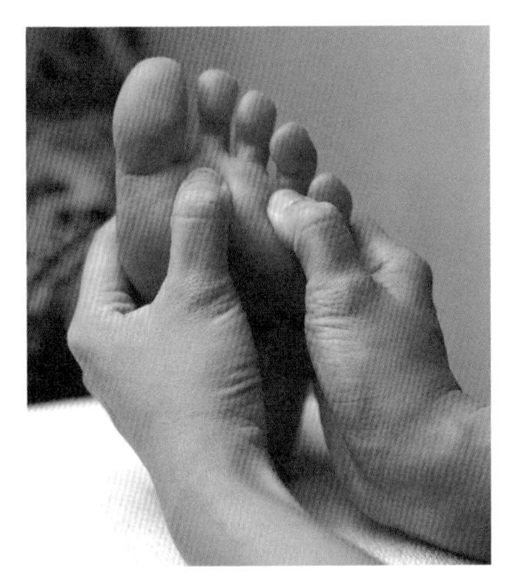

圖3-8 刺激腳底可以促進全身血液流通

腳是人體全息反射區，反映全身五臟六腑與組織器官，刺激相應部位，就可以使人體內的能量通路恢復正常。有的醫學家認為，腳底是「第二心臟」。因為血液從心臟送出來，要到身體的末端，特別是腳底和腳趾，是相當困難的。因此，腳底如常感血液不足時，刺激這些部位就可以促進血液流通，使皮膚因健康而達到由裡而外的長效性功能。

圖3-9 各式按摩方式

第五節 建立良好生活習慣

依據「黃帝內經」中所透露出的養生保健重要觀念，人體是活絡不停的生命體，來自於宇宙自然的奧妙，人體內有億萬年生命演化的訊息，因此要健康的身體，需要從養成合乎內在生物時鐘運作的良好生活習慣開始：

一、中醫醫學養生論——預防與平衡的醫學觀

1. 預防醫學：「上醫治未病」分辨：兆→症→病→疔→瘤。
2. 平衡醫學：氣血津液輸布平衡、臟腑陰陽平衡。
3. 致病外因——六氣（環境氣候）變異

外六氣不正→六淫（六邪）→經絡入裡→傷及臟腑而致病。

風	暑	火（熱）	濕	燥	寒
春令主氣 風邪傷肝 善行數變 百病之長	夏季主氣 火熱之邪 耗氣傷津 擾亂心神	旺於夏季 火應心氣 五氣化火 生風動血	長夏主氣 應於脾土 重濁黏滯 趨下阻氣	秋季主氣 燥應肺氣 燥邪犯肺 乾澀傷津	冬季主氣 寒應腎水 寒涼傷陽 凝滯收引

4. 致病內因——七情

七情失調或過度→傷及臟腑而致病。

怒	喜	思	憂	悲	恐	驚
鬱怒傷肝	過喜傷心	思慮傷脾、胃	憂愁傷肺、大腸	過悲傷肺	驚恐傷腎	

5. 生理活動：上為陽、下為陰；表為陽、裡為陰；臟為陰、腑為陽。

功能屬陽（精、氣、神為陽）；物質屬陰（組織結構和津、液、血為陰）。

(1) 人體的病理變化：疾病的發生關係到正氣（陰液、陽氣）、邪氣（陰邪、陽邪）兩方面，例如：陰陽偏勝、陰陽偏衰。

(2) 用於疾病的診斷：辨證分為陰陽、表裡、寒熱、虛實等八綱，陰陽為總綱，表、實、熱屬陽，裡、虛、寒屬陰。

(3) 歸納藥物的性能：藥物的性能主要靠氣味、升降、浮沉來決定。

(4) 四氣：寒熱溫涼，寒涼屬陰，溫熱屬陽。

(5) 五味：酸苦甘辛鹹，辛甘屬陽，酸苦鹹屬陰。

(6) 升降浮沉：升浮屬陽，沉降屬陰。

大自然							五行	人體					
五音	五味	五化	五氣	五方	五季	五色		五臟	五官	五體	五聲	五志	五神
角	酸	生	風	東	春	青	木	肝	目	筋	呼	怒	魂
徵	苦	長	暑	南	夏	赤	火	心	舌	脈	笑	喜	神
宮	甘	化	濕	中	長夏	黃	土	脾	口	肉	歌	思	意
商	辛	收	燥	西	秋	白	金	肺	鼻	皮毛	哭	悲	魄
羽	鹹	藏	寒	北	冬	黑	水	腎	耳	骨	呻	恐	志

6. 五行

(1) 五行——指木、火、土、金、水五種物質之間的運動變化。運用五行之間的「相生」、「相剋」、「相乘」、「相逆」的理論說明人體五臟的生理關係和病理變化。

(2) 相生——木生火、火生土、土生金、金生水、水生木。

(3) 相剋——木剋土、土剋水、水剋火、火剋金、金剋木。

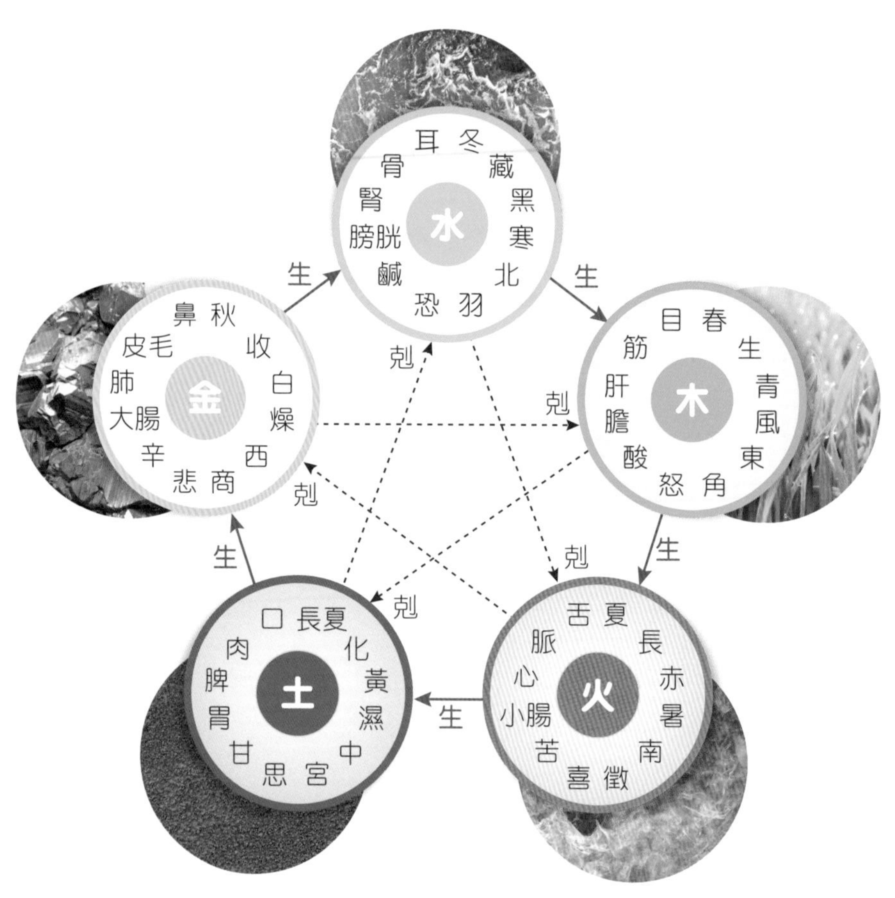

圖3-10 五行與身體的調節

二、四季養生

人體是一個小宇宙，是大宇宙的縮影，所以人要追求健康，必須依循著大宇宙的運轉，和大環境相互配合、呼應，所以養生貴在配合春生、夏長、秋收、冬藏四季的陰陽消長原則。

1. 春 生

春天是生發的季節，應該早睡早起，多在大自然環境中做緩和的運動，配合萬物充滿生機。此外，春季應少吃酸味，以養脾氣，在乍寒乍暖的天候下，感覺寒意不要強忍，趕緊添加衣服保暖。臨睡前，可用熱水，加一些鹽，浸洗膝蓋以下部位，能泄風邪腳氣。

2. 夏 長

夏天最忌急躁發怒，要保持神志愉快，要晚睡早起，以受清明之氣，睡多反易昏沉；宜多運動流汗，才不會累積心火。少食苦味，以養肺氣；雖大熱，勿食冰水、冷粥等物，因為冷熱相搏，容易導致腹部疾病；勿食煎、炸類食物，否則易助熱毒，長膿皰。生活起居上，注意睡熟以後不可風扇直吹，或露臥取涼，以免有風痺癱瘓之病；烈日曬熱之衣，不能馬上就穿，以防有熱毒。夏日並宜調烏梅湯解暑（用烏梅搗爛，加蜜，調滾水，待溫飲之，或用糖代蜜亦可）。

3. 秋 收

秋季是宇宙萬物收藏的季節，有肅殺之氣，使綠葉變黃，花草凋零，所以對人也會有傷害，因而要早睡早起，作息也要慢慢收斂，減少戶外活動，內心更要安寧清靜，收斂神氣。飲食方面，少吃辛味，以防痢疾；勿食新薑，以其大熱損目。生活上，勿貪取新涼，背部宜常暖護之。

4. 冬藏

冬季是休息的季節，需早睡晚起，避免冬寒傷身。飲食方面，少吃鹹味，以養心氣；勿多食蔥，恐會發散陽氣。生活方面，不宜多出汗，恐泄陽氣；不宜早出犯霜，有時可略飲酒以充陽氣。

三、時辰養生

人體的五臟六腑都會隨著十二時辰的不同，而在某一特定的時辰內，活動力特別旺盛，所以人的生活作息如果也配合臟腑的時間，對健康會有莫大的幫助。

1. 子時（23~01點）

膽足少陽經循行旺時，少陽表示陽氣初發之意，為厥陰肝經之表經，厥陰為陰氣至極將盡，二臟腑為表裡，「凡十一臟皆取決於膽」，又膽為清淨之府，此時應養護睡眠，保證造血功能與品質，以推陳出新，使陽氣得以良好生發。可膽經脈及穴道保養，以促進陽氣發生。

2. 丑時（01~03點）

肝足厥陰經循行旺時，主藏血，「人臥血歸於肝，肝受血而能視，足受血而能步，掌受血而能握，指受血而能攝」，皆人體曲伸組織功能，肝主筋，護養肝氣，使血液得以貯養，以供白天所需能量，至關重要。取肝經脈與穴道調理按摩，促進血行與組織營養流暢敷布。肝為人體最大的化工廠，能排除體內所有的有毒物質，肝臟能製造肝醣當成能量，加以儲存，並根據需要加以分解，以供身體之需要，因其工作量非常之龐大，所以在其氣血最旺盛的時間，應讓其休息復原。

3. 寅時（03~05點）

肺手太陰經循行旺時，「肺者相傅之官，治節出焉」，節指節氣，表示一年之中節氣循環由肺開始，好比宰相分領百官依職務運作，各臟腑依時序運行，一日之中生氣開發由肺始行，確保身體功能得正常循環；又肺主氣，司呼吸，因此應善於調理呼吸，使身體獲得充足氧氣供給，使能去除陳穢，活力充滿。取肺經脈與穴道保養，促進陽氣的生發與順暢。

4. 卯時（05~07點）

大腸手陽明經循行旺時，大腸者，傳道之官，變化出焉。主化糟粕，此時腸胃蠕動，刺激排便，清除人身一宿之穢氣，以吐故納新，良好的排便，能使氣血循環通暢，增進食欲。取手大腸經脈及穴道按摩，以促進氣血的推陳致新。是大腸活動力最旺盛的時間，所以最好是在6點起床，盥洗順便解大便，此時大腸蠕動力最強，有助於排便。

5. 辰時（07~09點）

胃足陽明經循行旺時，胃為五臟六腑之海，與脾為表裡，脾胃者，食廩之官，五味出焉。胃能腐熟水谷，使食物轉化成精微物質，營養全身臟腑，其氣主降，以使腸道傳導功能正常，脾、胃、大腸、小腸轉輸與傳化營養的功能統歸為脾胃，調理脾胃功能正常，使人體蓬勃生氣與活力。取足部胃經脈與脾經脈穴道，以促進食飲功能與營養傳輸傳化。是胃活動力最旺盛的時間，所以此時最適合用早餐，最容易為人體所吸收，使人整天精神飽滿，充滿活力。

6. 巳時（09~11點）

脾足太陰經循行旺時，脾胃者，倉廩之官，五味出焉。脾合胃，胃者五穀之腑，因此脾胃主營養四方臟腑，又脾主統血，內經以脾為諫議之官，知周出焉，脾能察知身體各部門需求，以反應於心神中樞，適合地調節與提供各組織機體所需的營養能量。取足部脾胃經脈及穴道調理，以促進五臟營養輸布與傳化。

7. 午時（11~13點）

心手少陰經循行旺時，此時陰氣初生，陽氣最旺，應養陽氣，亦不可傷及陰氣，因此最好於午餐後稍事午睡，內經以心主神，又為君主之官，保養好心經脈，使心血充盛，有益五臟六腑正常運作，精神通暢。取手部內側後緣之心經脈與心包經穴道，疏通經氣，保健體內血液循環功能。是心臟活動力最旺盛的時間，心臟與小腸互為表裡，小腸是吸收營養的器官，所以午餐以營養為主，重質不重量，飯前飯後1個小時內勿飲用濃茶或咖啡，以免妨礙鐵質的吸收。

8. 未時（13~15點）

小腸手太陽經循行旺時，小腸為受盛之官，化物出焉，分別體內水液清濁，主「液」所生病，又與心經為表裡，因此凡體內與水液代謝、血液循環有關者，可藉由調理小腸經改善。取手部外側後緣之小腸經脈與穴道，配合氣血循環，同時取手部外側中線之三焦經與穴道調理。

9. 申時（15~17點）

膀胱足太陽經循行旺時，人體陽氣盛大，膀胱經行人體背後，五臟六腑之俞穴沿經脈自上而下，依序排列，為州都之官，主藏津液，與腎經為表裡，主司排汗、排尿功能。取內眼角起上頭，下頸後，下腿足後側，下至足小趾端之太陽經及穴道。

10. 酉時（17~19點）

腎足少陰經循行旺時，腎者主蟄，封藏之本，精之處也，又腎經循行絡膀胱，上貫肝、膈、入肺中、絡心、注胸中，又支脈循喉嚨至舌下，因此腎是五臟六腑一身精氣之貯備所，不可任意宣泄，保養腎經脈，即可保證人體元氣充盛，精神飽滿。取足底湧泉穴開始循行，上內踝後緣及足腿內側後緣，上沿背脊骨至頭頂，與循恥骨中線上方，二側距人體中線各五分、至胸中平開二寸之經脈與穴道。是腎臟及人體循環和內分泌活動力最旺盛的時間，過飽及精神壓力會影響到循環及內分泌的功能，所以晚餐以少量為宜，同時更應保時心情的愉悅。

11. 戌時（19~21點）

心包手厥陰經循行旺時，心包為心之官使，代心行事，感受風寒暑濕燥火等外六氣，均由心包經首當其衝，心包經為心神之守衛者，護衛著心神與意志，不受外界環境干擾危害。保護心包經可取手部內側中線，自腋下至手中指之心包經脈與穴道。

12. 亥時（21~23點）

三焦足少陽經循行旺時，三焦功能主人身上、中、下部、五臟六腑之水與津液代謝，又溫熱內外臟腑與經絡，三焦為決瀆之官，又為中瀆之腑，水道出焉，係屬膀胱，

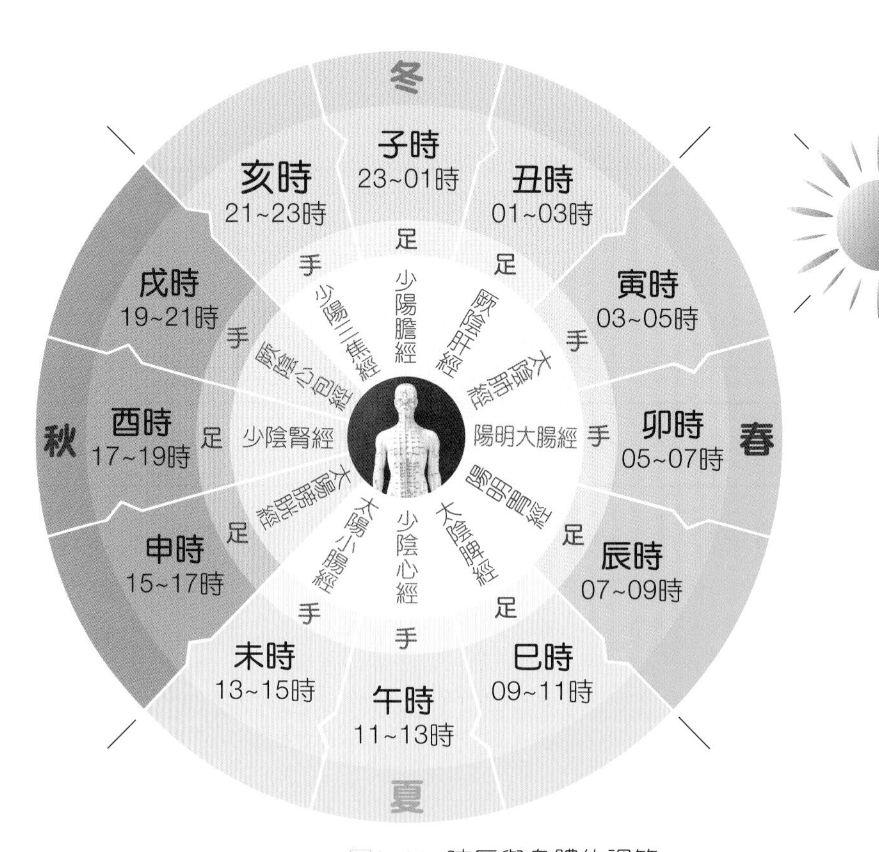

圖3-11 時辰與身體的調節

主出水液，又主「氣」所生病，因此人體凡屬水氣不行、停滯代謝諸問題，可取三焦經調理，俗云三焦經通暢，則百疾不生。三焦經脈循行於手部外側中線，自手無名指外側起至手臂後外側，上頸後、行耳後入耳中，至外眼角。

四、飲食保健

營養的補足可以強化體內免疫功能，進而降低過敏反應，例如補充維生素A可以幫助皮膚與黏膜的完整性，並使免疫細胞成熟。足夠的維生素B群可以幫助免疫功能適當發揮，維生素C則可以活化巨噬細胞、強化結締組織，並增加體內干擾素的濃度等，硒與鋅則參與解毒功能或支持T細胞和B細胞而發揮對抗過敏的效果。

(一) 面部類型與飲食美容

美容方法多種多樣，飲食美容法即是其一，一般面部類型可分以下幾種：

1. 面色蒼白的人：面色蒼白常因患慢性病或發育不良，手術後、產後等失血所致。還可能有食慾不振，心慌氣短，倦怠，失眠，腹瀉等。這類病人要常吃些補氣補血的食物，如大棗、雞蛋、桂圓、蜂蜜、紅薯及山藥。
2. 面容粗糙的人：面容粗糙多由於陰血不足或內熱蘊積造成。熱性疾病後期，病人身體燥熱，致使咽乾口渴，煩躁不安，便祕，尿黃。這類病人可吃些滋陰血，清內熱的食物，如海參、紫菜、竹筍、白菜、苦瓜、西瓜、鴨梨等。

3. 面部浮腫的人：面部浮腫常見的原因是腎陰虛，水濕上泛頭面所致。表現為面色蒼白，四肢畏寒，小便頻數，腰膝痠軟等。這類病人要多食補腎陽、利小便的食物，如蝦、油菜、冬瓜、西瓜等。

（二）核酸與皮膚保養

由於皮膚細胞每5天就得更新1次，而核酸對皮膚的保養則有著明顯的益處。含核酸高的食品有魚類、蝦類、牡蠣、動物肝臟、魚子醬、酵母、蘑菇、木耳、花粉等。在攝入含核酸豐富的食品時，最好同時吃適量的青菜和水果，攝入一定數量的維生素C，以利於核酸的吸收，也顧及營養均衡。

圖3-12 蝦為食補腎陽的食品，適合面部浮腫的人攝食

圖3-13 牡蠣含高核酸，對皮膚保健有益

（三）頭髮的營養保健

1. 早白的營養保健：早白者可以常吃銅、鐵元素含量豐富的柿子、番茄、動物肝臟、金花菜、薺菜、菠菜、馬鈴薯、海鮮、海帶等食物。黃豆、葵瓜子、黑芝麻含有豐

圖3-14 美麗的秀髮來自充足的營養保健

富的泛酸，泛酸可加速黑色顆粒的合成，這些都是烏髮的重要營養物。

2. 脫髮的營養保健：頭髮的構成必需有胺基酸和微元素，如胱胺酸、蛋氨酸、鈣、鐵、硫等成分，而這些物質在花生、黃豆、海帶、芝麻、蛋類、奶粉中含量豐富。研究發現，蛋胺酸在體內可轉成含巰基的胱胺酸，它是頭髮生長的重要營養。

   (1) 青年脂溢性禿髮，可常吃含維生素B_6和泛酸豐富的食物，如馬鈴薯、豌豆、橘子、蠶豆、青魚、鮭魚、蛋類、香瓜子、芝麻等，它們在蛋白質代謝中起重要作用，而且能抗皮脂及促進頭髮再生。頭髮油膩者可常吃維生素A豐富的韭菜、黃色的胡蘿蔔、南瓜、杏子、魚肝油等。

   (2) 單純型斑禿，平時可選擇食用維生素E含量豐富的芝麻、青色捲心菜、鮮萵苣、花菜等。同時，在斑禿區用維生素E油狀液塗擦，1日4次。

3. 頭髮縱裂症的營養保健：有些人的頭髮末梢會裂開，形成一束細絲羽狀，醫學上稱「毛髮縱裂症」，俗稱「頭髮分叉」。造成原因主要是毛髮質地變脆，故易分裂。可選食含胺基酸、鐵質和維生素E的食物，如黑芝麻、核桃、雞蛋等。

4. 頭髮枯焦、纖細、早衰的營養保健：現代醫學認為，人體的頭髮與骨髓盛衰有關。血液是供給毛囊營養的主要物質。血液中的紅細胞、白細胞都在骨髓中形成，而骨髓的衰退是缺乏類黏蛋白和骨膠質引起的，因而這些營養物質的缺乏可直接影響頭髮的榮枯、潤燥、粗細和色澤。治療方法：取牛骨2兩加水1斤，用文火煮1~2小時，使骨髓中的類黏蛋白和骨膠原溶解，過濾後除碎骨，冷卻後在底部有一層黏性物質，即為滋潤毛髮的補品。

5. **頭髮變黃、乾燥、無光澤的營養保健**：有些人頭髮變黃，主要是血液中有酸毒素，其起因除過度疲勞外，還由於食糖和脂肪過多，導致體內新陳代謝過程中產生乳酸、丙酮酸、碳酸等酸性物質，從而產生酸毒素。所以，患者應多食含碘、鈣、蛋白質的食品，如海帶、紫菜、魚、鮮奶、雞蛋、豆類等。而豬肝、牛肝、洋蔥等酸性食物應少吃。合理搭配食物，對保持體內酸鹼平衡，防止毛髮變黃有重要作用。

第六節　身體與心靈的淨化

Spa一字最早出現於西元1610年，當時歐洲以拉丁文為主要語言，paoluspa＝健康，Par＝經由或藉由，Aqua＝水，整體來說為經由水而痊癒的意義，另一種根據進代語源學的研究，spa的產生源自於比利時東部列日市的溫泉小鎮Spau，在15世紀時，人們來此洗溫泉以治療各種疾病及痛苦，故spa被引用為溫泉療養地的代名詞。

事實上，隨著社會多元化的需求，人們對於spa的追求亦不能滿足於最初的定義，根據擁有全世界73個國家、包括2,500個健康及健康促進機構會員之ISPA(International SPA Association)，規範所有spa的經驗，包括水療、營養、運動健身、按摩、身心靈調合活動、美容保健、環境生態及空間、社會及文化藝術、管理和諮詢、生活形態及規律等十大範疇。Spa一詞已成為一種國際名詞，只是spa的演化會隨著國家的文化及風俗的不同，而形成不同的spa概念，也正因為如此，最起初的spa意義反而被人所遺忘，且變得模糊難懂。Spa的產生與解決人的疾病及痛苦有關，其方式是一種淨化的過程，使人得以恢復身心的健康，若不掌握spa當初的核心意義，spa將流於一種流行名詞。因此，在環境受到汙染，資訊充斥及科技焦慮提高的現代，人們如何在生活中進行身體及心靈的淨化是迫切需要瞭解及落實的事。

一、Spa中的淨化

在各國spa中融入許多的淨化儀式，多與宗教或成為民俗的活動有關，在此僅就spa中常用來作為身體及心靈淨化的方法及功效做一介紹：

（一）身體淨化

在人體自然代謝運作下，每天要排泄、分解數以萬計的破損及死亡細胞，身體會吸收過量的體液，而在生病或受傷時，身體會分解死亡及剝落的組織。在正常情況下，這樣的運作是維持身體健康所必要的，身體處理廢物的過程不會受到干擾，事實上，在身體不適、生病、飲食不均衡或壓力下，便出現了干擾代謝程序的情況。此外，菸、酒、咖啡等嗜好品，汙染環境及食品添加物都會造成身體無法淨化。常見的副作用為倦怠、疲勞、便祕、口腔潰爛、黑斑、粉刺、呆滯、毫無生氣、腫脹、體液減少分泌、肌肉無力、頭痛等。根據ISPA所做美、日spa顧客(ISPA, 2004)研究，發現在spa中較受歡迎的身體淨化方法，東西方都有一致的情況，主要有以下幾種：

1. 蒸氣浴(Steam bath/sauna)

蒸氣的目的是利用熱和潮濕的空氣引發身體發汗，以促進皮膚將體內產生廢物大量排出，包括水分、鹽分、尿酸、氨水、尿素等。

2. 按摩(Massage)

按摩的益處在身體淨化上，主要是透過觸摸刺激皮膚，使皮膚溫度提高，加速循環代謝，包括血液循環、淋巴液的流動，幫助身體排出過量體液及廢物，改善皮膚問題，此外，亦有放鬆神經及感覺溫暖的效用，減少壓力造成體內廢物產生。

3. 芳香療法(Aromatherapy)

芳香療法利用從植物與草藥萃取出來的香精油治療各種症狀與疾病，從避免感染、皮膚病到免疫功能的提升和減低壓力等，都有相當好的療效。

4. 足部反射區法(Reflexology)

按摩腳底可刺激7,000多條神經，可幫助全身放鬆，讓肝臟、腎臟、淋巴、皮膚及結腸，運作得更有效率，此外，非有機廢物（鈣與尿酸結晶體）會堆積在腳底，可藉由手指觸壓推解開來。

（二）心靈淨化

人類的社會不只自然環境受到嚴重的汙染，整個世界價值觀亦不斷的轉變，傳統倫理價值面臨到極大挑戰，家庭關係日益緊張，人與人之間的信任感不易建立，不法的事增多，人的愛心亦漸漸冷淡，生活壓力及價值衝突使得精神疾病的人口增加，人的心靈亦受到社會的汙染，許多研究證明心身疾病的存在，壓抑性格與免疫功能、A型性格及心臟血管疾病有其關聯性。人們從spa中尋求心靈的相關知識進行思想的轉換，藉由一些古老的修身方式與哲學，在spa情境及所提供課程中來進行心靈淨化，包括以下幾種：

1. 壓力管理

壓力管理即學習處理壓力，壓力處理的重點不在排除維繫生存所需的壓力，而在於學習與處理我們對任何刺激所作生理反應的程度，是一種精神運動性的技術。

2. 冥 想

東方禪學中強調在靜坐中放空自己，使自己達到思想淨化效果，而後透過冥想成功或令人放鬆的情境可以改善負面思考所帶來的心靈廢物。

3. 瑜 珈

瑜珈可透過肢體調整，呼吸調整，使身心達到鬆弛效果，可視為一套完整人生哲學，對神經緊張或精神難以集中極有好處。

4. 藝 術

情境與人的精神層次有關，情境是一種刺激，會引發個體不同的聯想，有不同的情緒反應，spa中常應用藝術元素達到情境治療的效果，包括音樂與色彩、文化特色等。

二、Spa淨化DIY

（一）每日身體淨化

<table>
<tr><td>

第一階段：清晨淨化儀式

1. 淨化呼吸（做10次）：
   (1) 向前彎，雙手擺在大腿上，曲膝。
   (2) 用力呼出肺裡所有空氣。
   (3) 暫停呼吸，同時用力好像把肚臍碰到脊椎上。
   (4) 腹式呼吸。
   (5) 腹部按摩。
2. 起床後喝一杯熱檸檬水。
3. 在5~7點間清除宿便。
4. 早晨沖2分鐘的冷水浴。

</td></tr>
<tr><td>

第二階段：飲食淨化

1. 每日喝1,700c.c.的水，平均不同時段飲用，礦泉水較佳。
2. 多吃新鮮高纖蔬果。
3. 生病或壓力大時請輕食及多休息。

</td></tr>
<tr><td>

第三階段：沐浴淨化儀式

1. 溫水淋浴。
2. 熱水浴(40℃)15分鐘，需排汗。
3. 冷水淋浴3分鐘。
4. 乾刷皮膚。
5. 自製身體磨砂用品：（每週1次）1茶匙食鹽，加入現有的按摩霜或身體乳液，或食用植物油2茶匙，或1茶匙蜂蜜。

</td></tr>
<tr><td>

第四階段：調理淨化

1. 自我按摩。
2. 呼吸調理。
3. 芳香淨化。

</td></tr>
</table>

（二）心靈淨化

第一階段：早晨儀式
1. 自我肯定。 2. 視覺想像。
第二階段：心靈淨化
1. 閱讀勵志書籍。 2. 音樂情境。 3. 休閒藝術的應用。

4
Chapter

皮膚的保健方法 II

身體美是各部分之間的對稱和適當的比例。

～畢達哥拉斯

第一節 家庭成員常見皮膚問題及保養

一、嬰幼兒

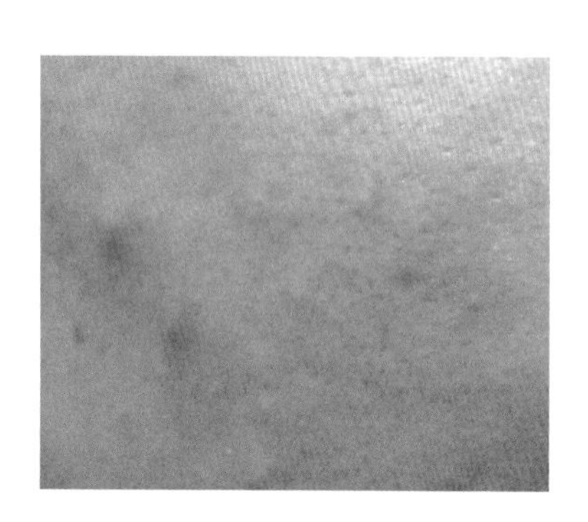
圖4-1 脂漏性皮膚炎

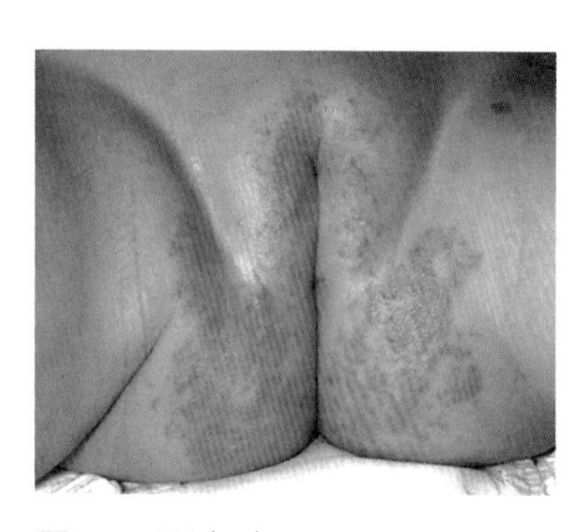
圖4-2 尿布疹

圖4-3 白色糠疹

(一)嬰幼兒常見皮膚問題

1. 脂漏性皮膚炎：在頭部及臉部堆積成黃色油膩皮垢，可使用嬰兒油軟化皮垢後，以嬰兒洗髮精清洗。
2. 白色糠疹：在兩頰出現界限不清楚的白色斑，輕微脫皮，不會發紅或太癢，可給予一些保濕品。
3. 足趾皮膚病：包括趾腹接觸地面產生乾裂脫皮現象，光腳時可使用保濕品。
4. 尿布疹：因尿液過多浸泡，產生乾性皮膚炎及潰爛有膿皰情況，可以用凡士林塗抹預防。

(二)嬰幼兒皮膚保養重點

1. 注意清潔。
2. 注意避免陽光過度曝曬，易產生惡性黑色素瘤。
3. 防止蚊蟲咬傷。
4. 預防尿布疹。

二、青少年

(一)青少年常見皮膚問題

1. 青春痘：包括黑頭粉刺、白頭粉刺、炎性之丘疹、膿皰等。

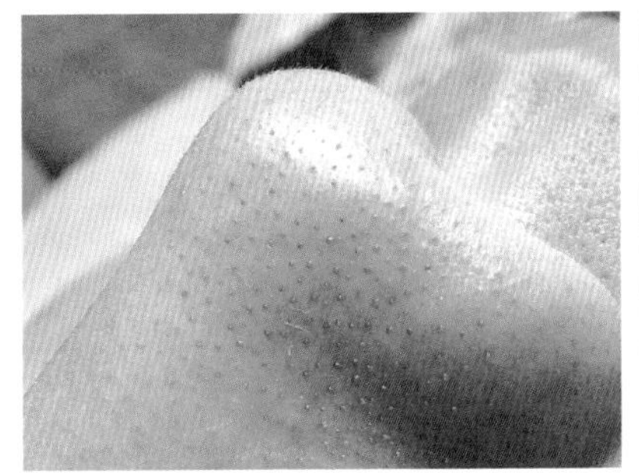
(a)粉刺型(黑頭粉刺)

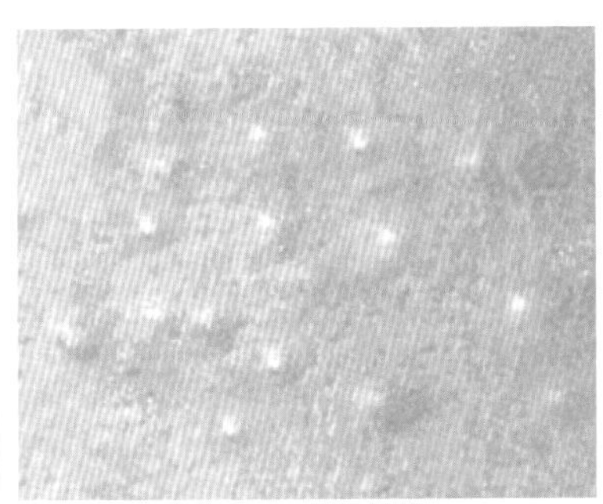
(b)粉刺型(白頭粉刺)

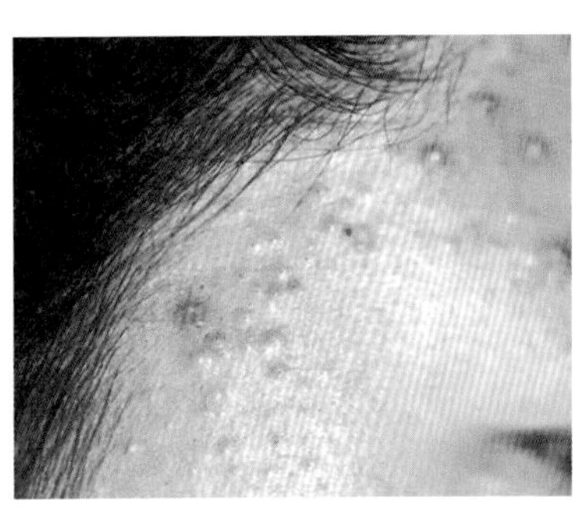
(c)丘疹膿皰型

圖4-4 青春痘

2. 毛孔角化症：毛孔角化症可見黑色毛髮，與黑頭粉刺皮脂氧化不同，其周圍常見輕微發炎，在臉上像是整片紅斑，可能是暫時性。
3. 汗斑：又稱為變色糠疹，患部會呈現出白色或褐色等不同色澤。

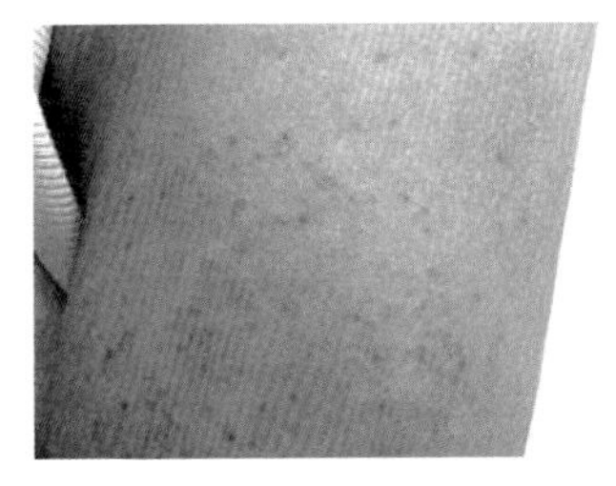
圖4-5 毛孔角化症

(二)青少年皮膚保養重點

1. 青春痘：可用粉刺清除方式，輔以鎮定皮膚的保養品，如天然蘆薈膠亦是很好方式。
2. 汗斑：可每週或隔週1次，於洗澡前30分鐘，用抗頭皮屑之洗髮精塗抹。
3. 毛孔角化症：可以角質軟化劑進行保養，包括尿素、乳酸、甘醇酸及水楊酸。

圖4-6 汗斑

三、孕婦

（一）孕婦常見皮膚問題

1. 色素增加：孕斑產生或肝斑色澤加深。
2. 皮脂分泌旺盛：因荷爾蒙改變使皮脂分泌增加，易造成粉刺及面皰。
3. 妊娠紋：在懷孕期間，初期呈現對稱性微紅突起紋路，生產後逐漸成銀白色。
4. 黑眼圈：因小靜脈擴張，造成靜脈回流速度慢，毒素不易排出。

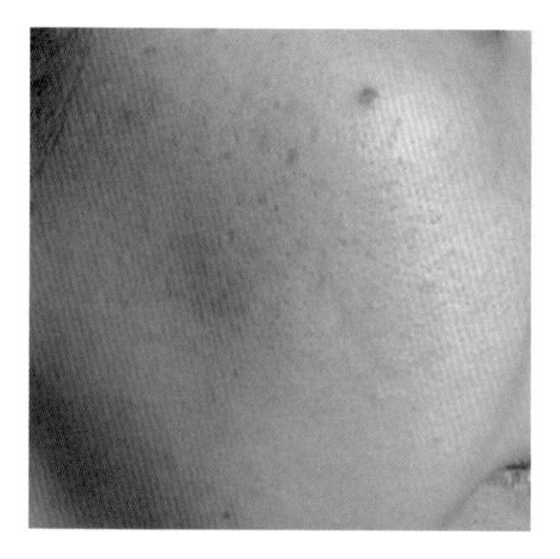
圖4-7 黑斑

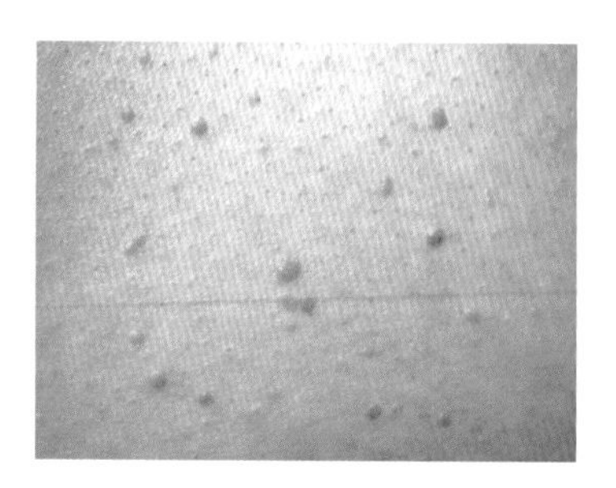
圖4-8 垂疣

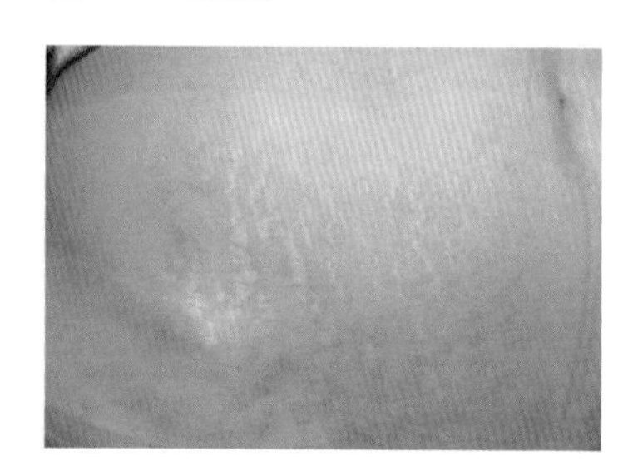
圖4-9 皮膚擴張紋（妊娠紋）

（二）孕婦皮膚保養重點

1. 色素增加：可用維生素C外用或杜鵑花酸淡斑。
2. 皮脂分泌旺盛：可用粉刺處理方式防止其惡化。
3. 妊娠紋：可以在懷孕時使用保養品預防，如含維生素E或植物萃取油按摩或用神經醯胺(ceramide)輔助按摩，或使用含胎盤素、果酸及老松根產品，或在產後當妊娠紋呈現紅色時進行A酸換膚，持續3個月治療。一般強調美白效果者，其成分對孕婦或胎兒可能有不利影響。
4. 黑眼圈：可利用眼部按摩及多休息。

四、中老年人

(一)中老年人常見皮膚問題

1. 特發性點狀黑色素減少症:俗稱老年性白斑,不會合併其他免疫性疾病也不會擴大,會有皮膚乾燥及老化情況,有時會發癢。
2. 脂漏性角化症:俗稱老人斑。

(二)中老年人皮膚保養重點

1. 特發性點狀黑色素減少症:可外用A酸加上防曬。
2. 脂漏性角化症:保養上可採用美白化妝品抑制黑色素形成而淡化色素,或用A酸來進行治療。

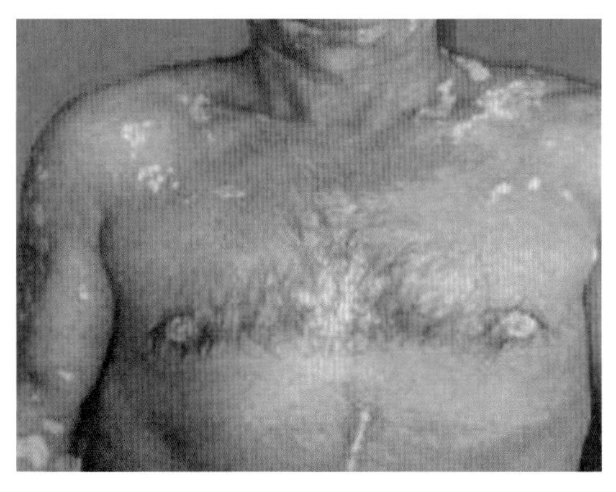

圖4-10 特發性點狀黑色素減少症(老年性白斑)

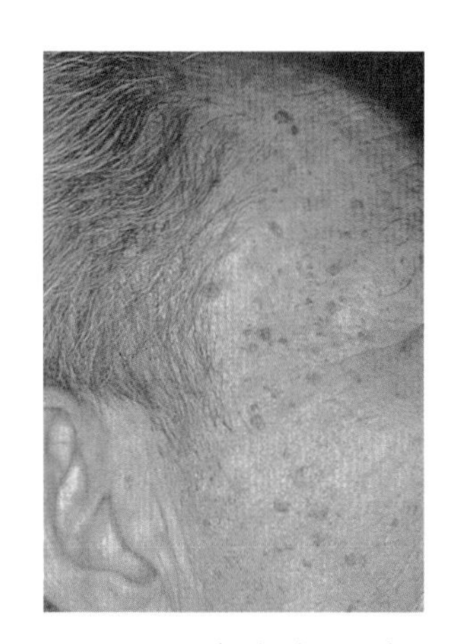

圖4-11 老人斑:扁平型及肉芽型

第二節 延緩老化

一、人體老化因素

體內的有害物質持續產生，破壞細胞，而細胞修復能力漸漸不足時，便會發生老化。和老化有關的有害物質就是「自由基」，它會攻擊鄰近細胞並迫害細胞，甚至啟動細胞內的自殺基因，引起細胞死亡。會使皮膚失去彈性、光澤及出現皺紋，造成皮膚衰老。這整個過程都跟「活性氧」有關係，所以又稱「氧化作用」，其過程與鐵遇到氧，產生鐵生鏽的過程相似。

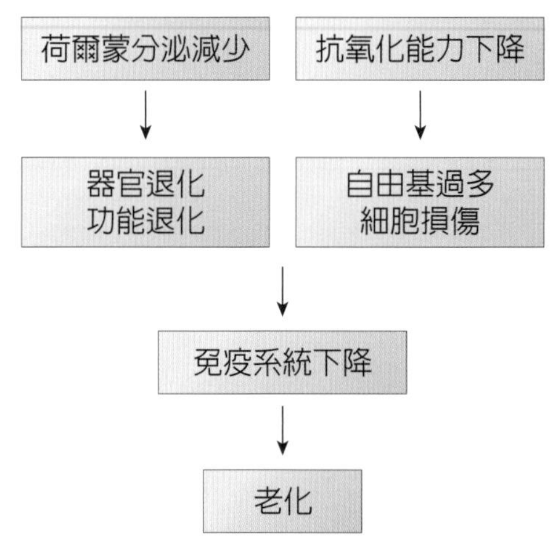

圖4-12 老化主要因素

科學家近來發現，大部分的老化疾病都與自由基有關，如心臟病、癌症、老年失智、中風、糖尿病及關節病變等。老化是人生過程中一種不可逆轉的遺傳現象，可是科學家找到一個老化的共同現象：在老化的細胞中，抗氧化物(anti-oxidant)的含量會隨著年齡的增長而減少。

表4-1 女性35歲及男性40歲明顯出現之老化現象

35歲女性老化特徵	40歲男性老化特徵
頭髮變白、毛髮稀疏	記憶力降低、精神不集中、易怒
魚尾紋、下眼皮突出	神經質、焦慮不安、失眠、難入睡
視線模糊、老花眼、白內障	偏頭痛、老年失智
老人斑	嗅覺改變
骨骼失鈣、脊椎受影響	味覺改變（尤其苦及酸）
乳房變平坦下垂	唾液分泌下降、牙周病
循環系統開始失衡	免疫力降低、心臟病、心悸
（膽固醇及血糖升高，心臟血管硬化）	高低血壓、脂肪包心、高血脂症
胃酸不足、消化吸收差	肥胖、體重失衡、腹部下垂
惡性貧血、營養素缺乏	血糖升高、臀部下垂
易便祕、腹瀉、腸阻塞	前列腺肥大、排尿困難
卵巢及子宮萎縮	陽萎、頻尿、夜尿
子宮肌層開始纖維化	指甲變厚、變形、生長速度減低
陰道壁變薄、易受刺激	皮膚失去彈性、變粗、變乾燥
尿道感染、尿失禁	皮膚炎
陰毛變稀少、性慾降低	肌肉痠痛
罹患關節炎的危險性增高	四肢無力、冰冷、手腳麻木
骨質疏鬆、易骨折	貧血

由於人體每天都會產生自由基來殘害細胞，所以人體的設計，就跟抗氧化（抗自由基）有關，執行這些任務，就落在抗氧化物質身上，透過抗氧化物質將這些自由基轉換成無害的物質，如此就能減輕人體的損傷。因此抗氧化能力的高低，就與壽命的長短有關，抗氧化能力越強，人就活得越久。

二、何謂自由基

簡單的說，自由基就是「帶有一個單獨不成對的電子的原子、分子或離子」，它們可能在人體的任何部位產生。這些較活潑、帶有不成對電子的自由基性質不穩定，具有搶奪其他物質的電子，使自己原本不成對的電子變得成對（較穩定）的特性。而被搶走電子的物質也可能變得不穩定，可能再去搶奪其他物質的電子，於是產生一連串的連鎖反應，造成這些被搶奪的物質遭到破壞。人體的老化和疾病，極可能就是從這個時候開始的。尤其是近年來位居十大死亡原因之首的癌症，其罪魁禍首便是自由基。

三、會使身體產生自由基的因素

這個令人頭痛的不良分子到底是從哪裡來的？自由基的產生有兩個來源，一是體內正常的生理運作所產生，另一個則是受到外界不當的影響：

1. 人體生理運作

(1) 新陳代謝：人體正常的新陳代謝，脂肪酸在粒腺體燃燒，本身就是一個氧化的過程，自由基是代謝作用的副產品。 另外，為了維持人體正常運作，必須製造許多有用的化學物質，也會有自由基產生。

(2) 防禦外來病菌：當有外來病毒細菌進入人體，白血球就會利用自由基去吞噬外來的入侵者，因此當身體有發炎症狀的時候，體內便會有大量的自由基。

2. 外界環境影響

外界環境也會提供或讓人體產生更多的自由基，威脅人體健康：

(1) 抽菸（二手菸）、酗酒。

(2) 輻射、紫外線、電磁波、日光曝曬，或癌症患者接受的放射線治療，都會產生自由基。

(3) 環境汙染：包括空氣汙染、飲用水汙染、工業廢水汙染、土壤汙染。

(4) 化學藥物濫用：如食品添加劑、農藥、蔬果汙染、毒品、藥物濫用。

(5) 精神狀況：壓力過大、急躁、焦慮、鬱悶、緊張等情緒問題，也會產生自由基。現代都市人，生活壓力大，居住環境不佳，充滿各種汙染，體內自由基氾濫，如果不善加控制，每天可能會遭受數十億個自由基無情的攻擊。

四、如何抗老化

「抗氧化」是抗老化的重要步驟，如果能夠消除過多的氧化自由基，對於許多自由基引起的及老化相關疾病都能夠預防，常見的是癌症、動脈硬化、糖尿病、白內障、心血管病、老年失智、關節炎等。

五、抗氧化物質的功能

1. 抵抗氧化壓力。
2. 補救氧化作用的傷害。
3. 預防自由基帶來的各種疾病。

六、抗老化的方法

（一）食物營養素

1. 茄紅素

林孟潔(2003)指出，茄紅素屬類胡蘿蔔素之一種，近年來研究顯示其具有良好的抗氧化特性，可預防慢性病、癌症及老化之發生。添加茄紅素可有效增加小老鼠學習記憶能力、減少腦部病變及延緩老化之發生，可能由於茄紅素能降低氧化性傷害、提高體內抗氧化防禦系統所致。

2. 中藥材植物刺五加

郭婕(1995)研究發現中藥材植物刺五加經過輔仁大學食品營養系研究證實，可以提高人體攝氧量8.2%，同時可以延緩老化，以有效延緩疲勞發生，還能提升心肌細胞代謝，提高身體組織利用氧的能力。

刺五加的藥性溫和，成分與人參類似，其中含有過氧化物歧化酶應與抗氧化效果有關，其價格比人參便宜，是天然保健食品，目前國內有部分飲料加入刺五加，也有做成錠劑販售，以及有刺五加茶包，也是不錯的選擇。

郭婕(1995)建議天氣寒冷，不妨以刺五加10錢加入全雞與紅棗一起燉補，可以食補方式吃出健康，並達到養生的目的。如果選擇口服，也可每天服用400~600毫克(mg)刺五加，或加入卵磷脂沖泡溫水服用，效果更佳。

3. 咖哩薑黃素

咖哩裡頭含有薑黃素的成分，可以活化體內的巨噬細胞，預防阿茲海默氏症、延緩老化現象。對於預防巴金森氏症以及降低罹患癌症也有幫助。不過，醫師也強調，由於平常在料理中添加的咖哩含量非常的少，要達到對抗老化症狀，效果恐怕很有限，因此醫界也正積極評估口服或是注射薑黃素的成效。

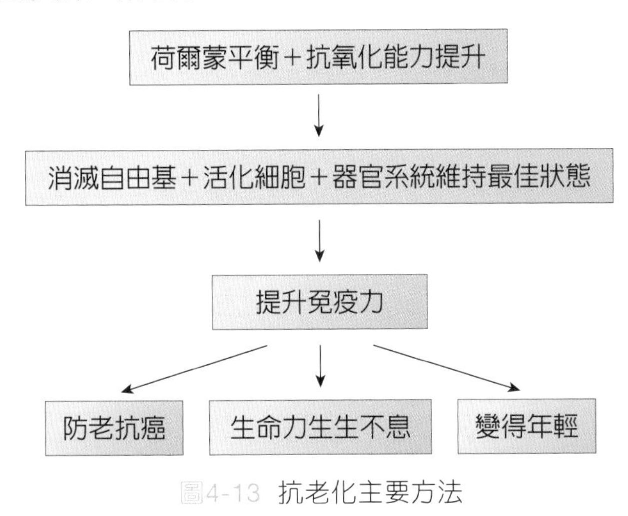

圖4-13 抗老化主要方法

表4-2 抗氧化劑

體外補充的抗氧化劑	β-胡蘿蔔素、硒、鋅、銀杏、綠茶、乳薊草、CoQ10、維生素C及E…	可藉由體外的食物補充加以獲得
體內產生的抗氧化劑	超氧化歧解酶(SOD) 麩胱甘肽過氧化酶 過氧化氫化酶	無法自體外的食品以進入體內的方式獲取，但可藉由下列方式來提升體內含量：如維生素C、乳清(Colostrum)等

4. 人體內屬於抗氧化成分的營養素

- 硒(Se)：海產最多。
- 鐵(Fe)：魚、肉類、菠菜。
- 銅(Cu)：魚蝦、肉類、肝、堅果類。
- 鋅(Zn)：蛋、大豆、花生、肉類、肝、海產。

主要來源：全穀類、奶蛋魚肉豆、大蒜洋蔥、堅果類、蔬菜等都是含量豐富的食物。因此均衡攝取各種食物及不偏食是最好的方法。

5. 其他延緩老化食物：請參考表4-3。

表4-3 延緩老化食物

食物種類	有效成分	預防老化功能
綠茶、烏龍茶、紅茶	兒茶素	抗氧化，抗菌，抗流行性感冒
芝麻	芝麻酚、抗氧化物、維生素B群、維生素E、硒等	活化各內臟功能，防衰老
銀杏（白果）	銀杏葉精（類黃酮、烯內酯等成分）	失智症（阿茲海默氏症）的治療藥，除活性氧能力高，改善動脈硬化
蜂膠	類黃酮等40多種、各種維生素、礦物質、各種胺基酸	極佳抗氧化能力，維持血管的健康，提高免疾機能，抑制過敏發炎症
小麥胚芽、葵花油、綠茶等	綠茶等	抗氧化、延長壽命、有治療阿茲海默氏症效果
番茄、西瓜、葡萄柚、柿子	茄紅素(lycopene)	防止記憶力衰退、學習能力降低、具抗氧化力

表4-3 延緩老化食物（續）

食物種類	有效成分	預防老化功能
紅甜辣椒	辣椒素	防止膽固醇的氧化、抑制老化作用
黃綠色蔬菜、胡蘿蔔、芹菜、紫蘇	ß-胡蘿蔔素(ß-carotene)，維生素A	抗氧化作用、改善高血壓、糖尿病、血管硬化等
葡萄籽（葡萄酒小量）	多酚(phenolics)	抑制活化氧、改善高血壓、糖尿病、血管硬化等
洋蔥、蘋果	槲皮黃素（類黃酮）(flavonoid)	預防心臟病、抗氧化活性高
各種蔬菜水果、柳丁、芹菜、芭樂、綠茶等	維生素C	抗壞血病、快速清除活化氧、預防血壓、腦中風等

（二）適量日照有助延緩老化

英國科學家的最新研究，日光浴有助延緩老化，「年輕化」的效果可長達五年；癌症專家提醒，雖然日照是人體吸收維生素D的重要來源，但「親吻」陽光應適量。

主持這項研究的倫敦國王學院研究員李查茲表示，研究結果顯示，那些避免日照，同時飲食中缺乏維生素D的民眾，可能出現基因損害或罹患因老化而引起的疾病。人體90%的維生素D都是透過日照取得，也因此維生素D又被稱為「陽光維生素」，研究結果發現，較常接受日照的民眾，比避免日照的人，生理機能年輕5歲。

李查茲說，這是第一次實驗證明，維生素D吸收較多的人，老化速度較緩慢，「這同時說明了，維生素D在諸如心臟病等與老化有關的疾病，有不錯的防護效果」。共同參與這項研究的史派克特教授指出，為延緩老化，建議民眾接受日照，同時攝取富含維生素D的食品，包括魚類、雞蛋、強化的牛奶、早餐麥片等，或維生素補充品。

第三節　美　白

以下是一些日常生活中輕而易舉就可做到的美白方法：

1. 睡眠要充足

工作壓力、過度疲勞、熬夜、睡眠不足會導致肌膚新陳代謝變差，膚色顯得暗沉無光。記得在每晚11點～凌晨2點的美容精華時段，早早上床睡個美容覺，讓肌膚自然恢復活力。

2. 避免抽菸、喝酒

抽菸、喝酒會導致肌膚黑色素沉澱。有抽菸、喝酒習慣的人，臉色會看起來比較暗沉、臉頰容易長斑、唇色也會比較黑。隨著年齡增加，會越來越嚴重，到時恐怕擦任何美白保養品都救不回來！

3. 多多喝水

注意水分的補充，可以幫助代謝體內老廢物質，所以喝水可說是最便宜、最簡單的美白方式了。每天適量維生素C可以使皮膚減少黑色素沉著、減退或去除皮膚的黑斑和雀斑，加快皮膚的還原變白；同時不宜過量飲用咖啡或太濃的咖啡，否則皮膚也容易變黑。

4. 飲食起居方面

宜減少過度日曬，提供溫度及濕度均適宜的環境，再者，容易誘發皮膚疾病的部分食物，如海鮮、草菇、竹筍、芋頭、雪裡紅、茄子、豬頭皮、羊肉、鯉魚、公雞肉、甘蔗、芒果、荔枝、鳳梨、桂圓及辛辣刺激物，則不宜多食。

第四節　豐　胸

一、認識乳房結構

乳房是女性的第二性徵，由乳頭、乳暈、乳腺泡所構成的半球狀體，乳房基本構造是由15至20個乳房小葉所構成，內部除由緻密的結締組織所形成的乳腺外，還有支撐乳房的脂肪組織和由纖維組織所組成的懸韌帶、神經、血管、淋巴組織等。乳房中間隆起部為「乳頭」，其上有數十個小孔稱「輸乳孔」；周圍有帶色素的環狀區稱「乳暈」，而皮下有乳腺泡。

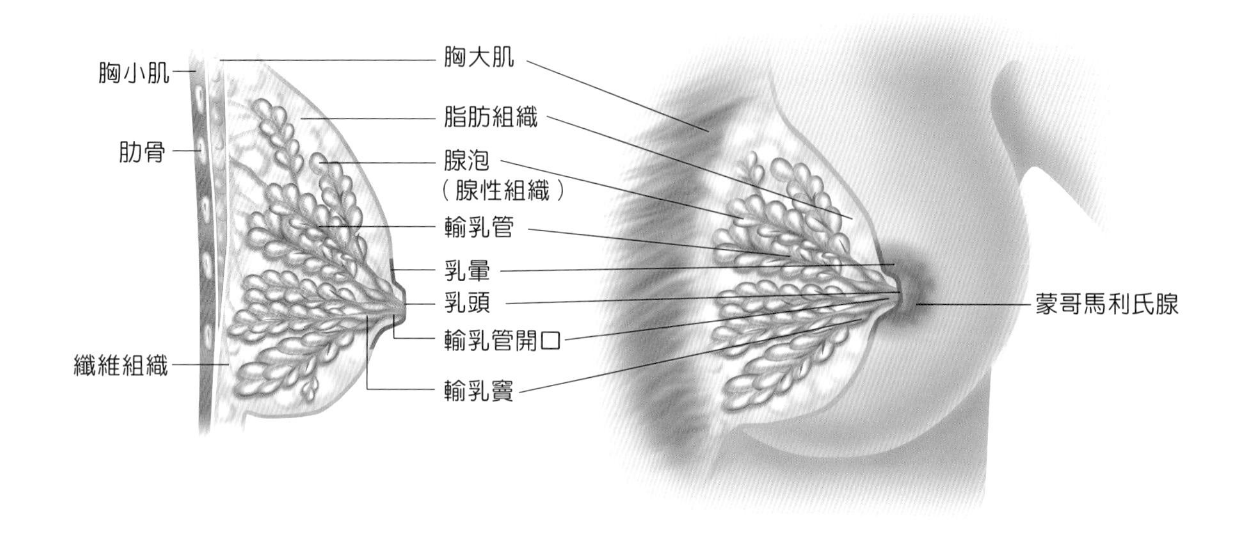

圖4-14 乳房剖面圖

1. 乳房是由3%乳腺、97%脂肪、輸乳管、結締組織構成，以筋膜附在胸肌上。
2. 結締組織隔成15~20個乳葉腺體，乳葉繞著乳頭呈輻射狀排列。
3. 乳葉腺體組織被分成眾多小葉。
4. 小葉內充滿脂肪及乳腺。
5. 乳房是卵巢的內分泌器官，直接受卵巢激素調節。
6. 脂肪組織圍繞在乳腺葉、輸乳管、血管淋巴管四周。
7. 乳房靠懸垂的胸肌韌帶支撐並依附在身體上。
8. 乳房的堅挺和彈性就由結實的胸肌韌帶來決定。
9. 乳腺活化則乳房豐滿，反之則乳房太小，乳腺組織受遺傳影響，但後天努力亦有改善的空間。

二、乳房一生的六大變化

（一）青春期

少女在青春期發育之前，乳腺幾乎呈現停滯的狀態，直到發育期，受到女性荷爾蒙的影響，乳腺及纖維組織開始膨脹成型。

（二）成熟期

女性的乳房一直到25歲左右，胸部發育幾乎已經定型呈現巔峰的狀態，但自此之後，乳房受到老化及外在環境的影響，逐漸失去支撐的能力而鬆軟下垂。

（三）懷孕期

女性在懷孕期間，生理及心理所受到反應最為明顯，尤其在乳房的變化上，為哺育的需要而變得較為豐滿。

（四）哺乳期

此時受到荷爾蒙及腦下垂體的變化，乳房開始分泌乳汁哺育幼兒，此後乳房開始面臨老化的問題。

（五）更年期

是女性生理變化的重要階段，此時身體各方面的機能明顯減退，乳房組織對於荷爾蒙的敏感度已經降低，故無法再刺激脂肪細胞繼續堆積成長。

（六）老年期

由於經過長期懷孕與哺乳，女性荷爾蒙分泌逐漸降低，韌帶退化導致無法支撐，皮膚彈性差產生皺紋，使乳房下垂老化，失去堅挺的彈性。

三、乳房評估

(一)乳房健康檢視

面對鏡子站立，將雙手舉過頭，彼此壓緊，觀察乳房的形狀或大小是否有所改變，然後，將雙手壓臂部兩邊，檢視乳房是否有以下狀況：

1. 乳房皮膚凹陷。
2. 乳頭縮陷。
3. 乳頭上有無分泌物、出血。
4. 乳房皮膚或呈橘皮變化、靜脈曲張的情形。

(二)乳房形態評估

根據美術評論家休托拉茲將乳房分類，作為審美的判斷，他認為盤形的乳房及蘋果型的乳房最美，其審美的標準來自於乳房的曲線呈現出等邊三角形的效果，一種平衡且穩定的美感。

以科學的方法測量乳房的形狀，包括以下幾種方式：

1. 找出兩鎖骨間的凹點中心點及兩乳頭位置，連接由鎖骨中心點到左右兩乳頭的距離，再連接兩乳頭間的距離，判斷是否形成一個等邊三角型。
2. 分別量出左右兩乳頭與肚臍的距離，再連接乳頭間的距離，判斷是否為一等邊三角型。
3. 由上臂側面測量上臂的總長，測量乳頭至上臂的垂直位置是否為90度角。

在穿著內衣時，以ABCD來看，A罩杯屬胸部較小情況，B罩杯是一般尺寸，C罩杯較豐滿，D罩杯則胸部較大。

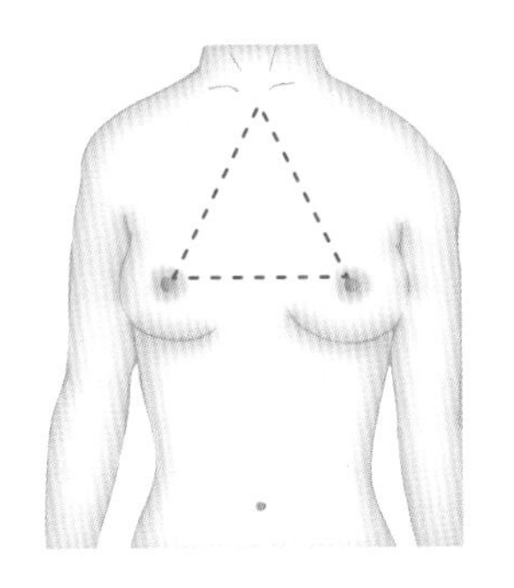
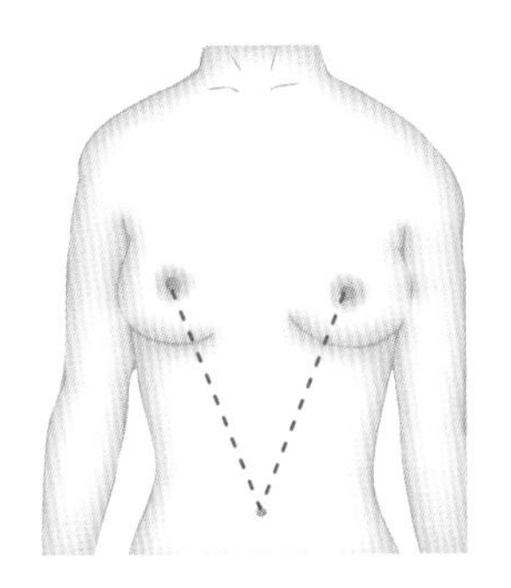
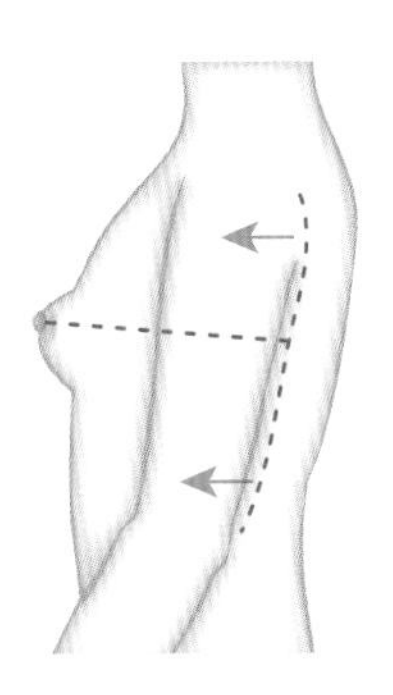

圖4-15 乳房的量測與形狀

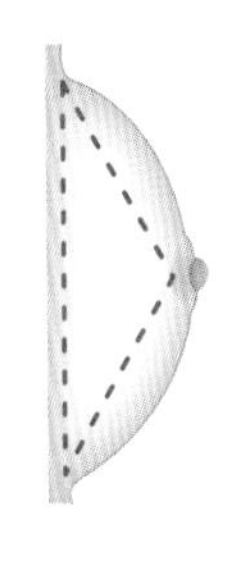
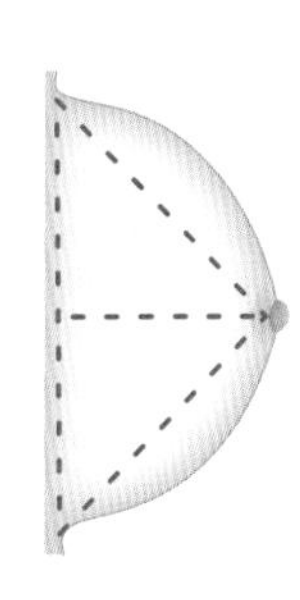

圖4-16 標準乳房形狀

（三）乳房健康檢視

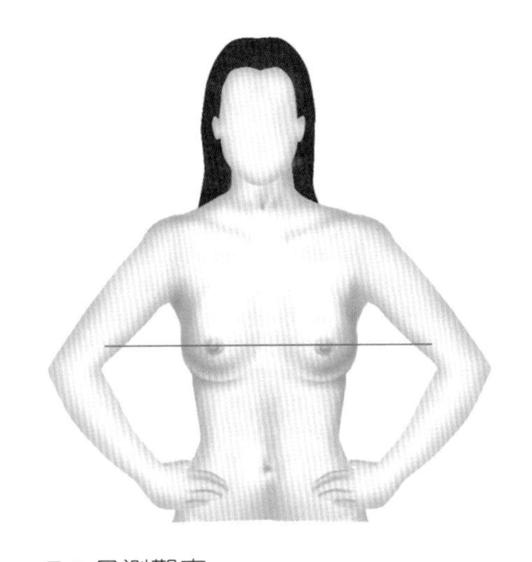

E 1 目測觀察

操作：站於床前以目測方式，觀測個人胸部是否有大小、高低不一的情形，再將雙手高舉，再觀測一次。

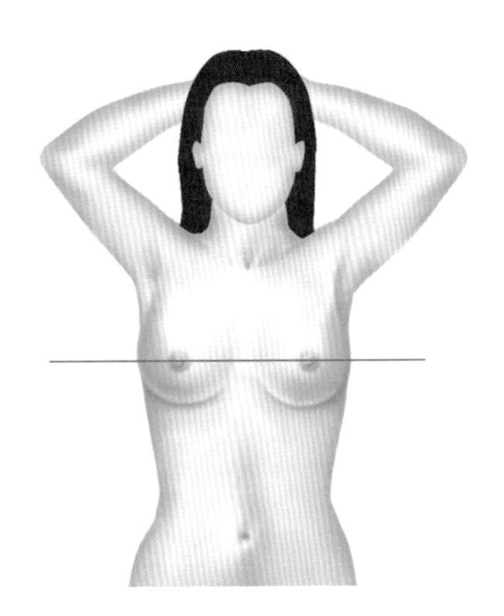

E 2 站立式乳房檢視

包括腫塊、乳頭異常下陷、皮膚變化、乳頭異常分泌物、腋下淋巴結腫大、數週無法癒合的傷口等。

操作：將右手高舉置於頭後，左手食指、中指、無名指伸直併攏，藉指腹的觸覺，以順時針方向螺旋進行方式，感覺是否有硬塊。從乳暈開始輕輕按壓，至乳房外側時需稍施壓力，約三圈，檢查有無硬塊，左邊一樣以相同的方式檢查。

圖4-17 站立式乳房檢視

備註：

1. 美容師在進行Spa護乳手技時若發現顧客有乳房異常現象，可告知顧客找醫師檢查，不可妄斷其徵狀。
2. 進行Spa護乳手技前，透過乳房諮詢程序，發現乳房有嚴重異常情況，如有異常分泌物、嚴重破皮及視覺與觸覺上可確知之硬塊，則不宜進行此手技。
3. 透過Spa護乳手技程序，美容師應清楚記錄顧客乳房健康情況及形態，有利於協助顧客達到護乳效果。

四、按摩豐胸技巧

（一）乳房按摩精油介紹

可根據個人之乳型、乳暈、膚質調配精油，一般而言，凡是乳香、茴香、茉莉、玫瑰、薄荷等精油，都對胸部有益。以下是較常調配之精油配方：

1. 一般保養：檸檬＋洋茴香＋薰衣草。
2. 緊實效果：檸檬＋冬青（微量）＋天竺葵。
3. 豐胸效果：生薑（微量）＋紅橙＋洋茴香（另外可視狀況添加玫瑰或茉莉）。
4. 各種精油之效用說明
   (1) 檸檬：皮膚美白及軟化膚質，可用來淡化乳暈及乳頭色澤。
   (2) 洋茴香：刺激腺體，其雌激素成分可調節生殖系統、安撫經痛，在生產時幫助生產速度、生產後刺激母乳分泌，但不可在懷孕期間使用。
   (3) 薰衣草：促進緊實度。
   (4) 冬青、生薑：促進血液循環。

(5) 天竺葵、紅橙：促進血液循環、緊實、安定。

(6) 土耳其茉莉：絕佳的荷爾蒙平衡劑，可刺激乳汁分泌，淡化妊娠紋與疤痕。

（二）按摩手法

1. 胸腔舒緩

(1) 手法：推法、拉法

操作：由胸口往下，沿著乳房向外往上拉提，到胸大肌時向左右兩旁推開，重複3~5次，使精油均勻分布在胸部。

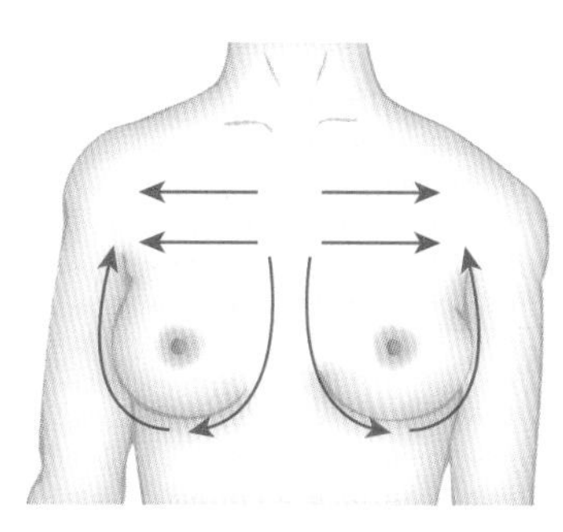

圖4-18 胸腔舒緩手法1

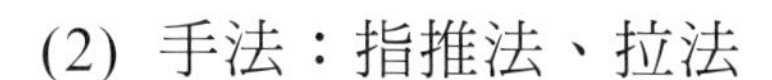

(2) 手法：指推法、拉法

操作：沿著肋骨間縫，用拇指指腹由內向外推開，至乳房下緣時，再由外向內拉提至胸大肌，重複3~5次，藉以放鬆肋骨間的肌肉，帶動淋巴循環。

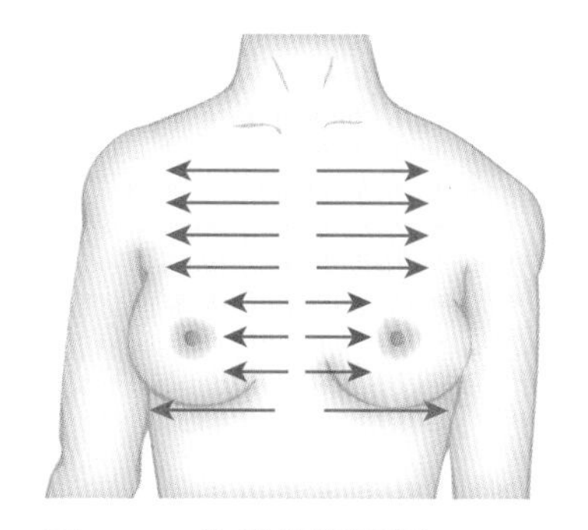

圖4-19 胸腔舒緩手法2

(3) 手法：揉法、按法

操作：兩手交疊，以掌根揉壓胸骨3~5次，再用拇指以直推法在膻中穴推熱，達到開穴的效果，此穴為人體之大穴，其位置在於胸部正中央，任脈上，經常按壓可使胸部氣血暢通。

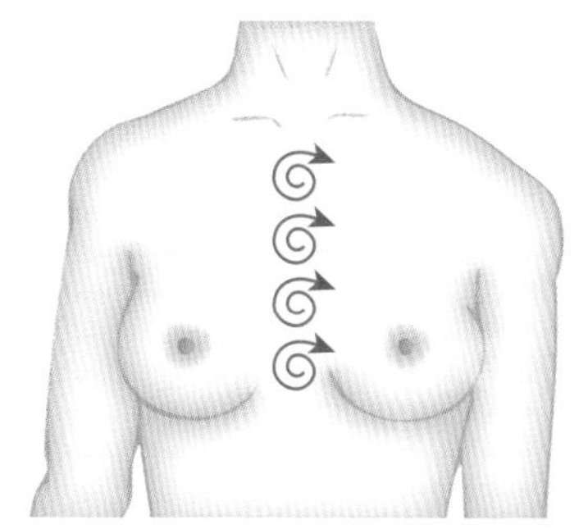

圖4-20 胸腔舒緩手法3

2. 乳房舒緩

(1) 手法：指推法

操作：兩手虎口張開，用拇指及虎口往乳頭方向推，共8個點，每點重複3次，到乳暈為止，在兩側腋下邊需由下往上推，藉以預防胸部肌肉外擴，維持胸部肌肉彈性。

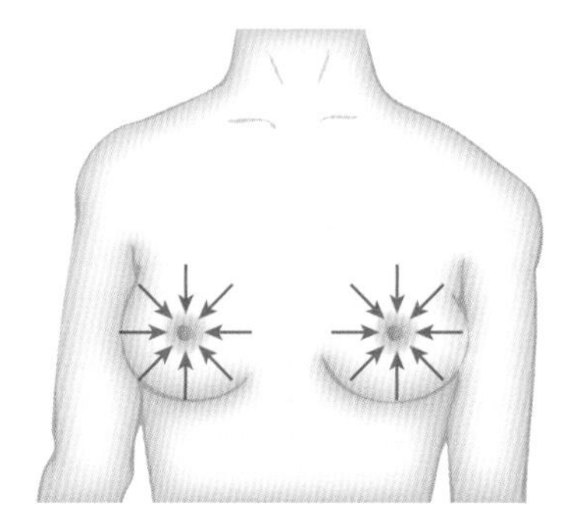

圖4-21 乳房舒緩手法1

(2) 手法：撥法

操作：雙手以彈撥的方式，彈撥乳房，重複3~5次，增加胸部彈性，緊實胸部肌肉。

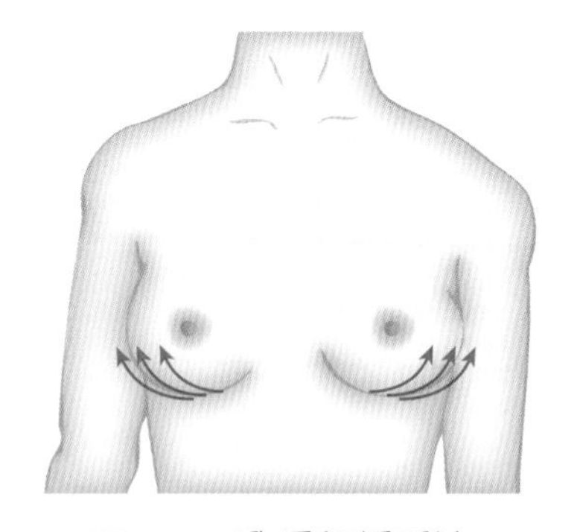

圖4-22 乳房舒緩手法2

(3) 手法：指推法

操作：利用食指、中指、無名指、小指的力量。四指指頭如鷹爪般，先從右邊開始，將右手四指置於左邊乳房底端，由腋下的方向往乳房乳溝方向按摩，即由外而內、由下往上。四指要用力，如畫圓圈般旋轉半圈即是，左邊手法相同。重覆3~5次。

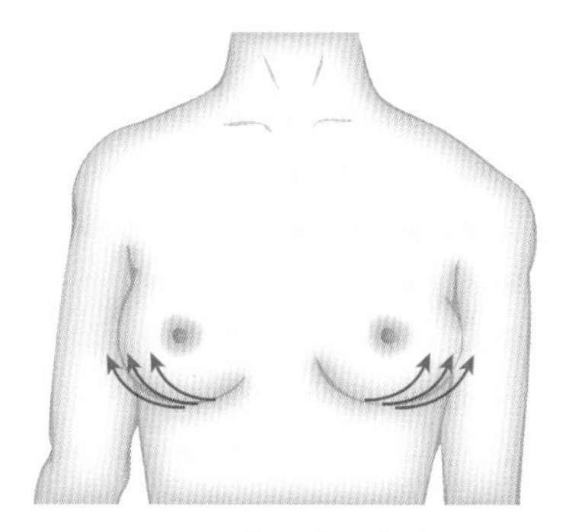

圖4-23 乳房舒緩手法3

(4) 手法：推法、按法

操作：雙手虎口包住乳房，以向上旋轉的方式，放鬆胸腔肌肉，重複3~5次，並可使胸部有集中的效果。

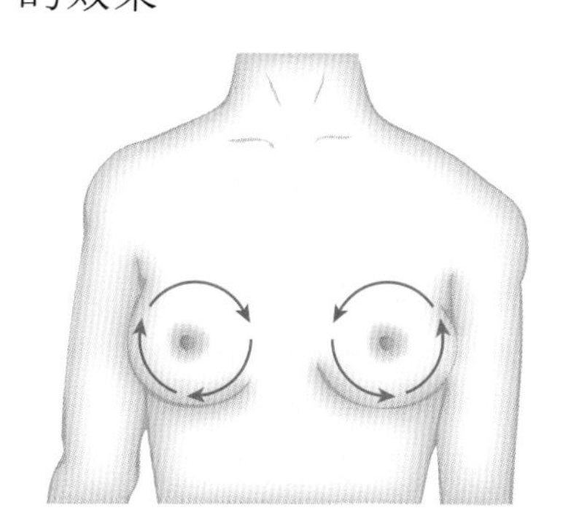

圖4-24 乳房舒緩手法4

（三）乳房穴道

1. 屋翳：豐胸及治療乳汁不足、胸痛、乳癰。治療咳嗽、氣喘、肋間神經痛、皮膚痛及咳逆。
2. 中府：豐胸及治療胸痛。治療咳嗽、氣喘、呼吸困難、支氣管炎、肩背痛、心臟病、頭面和四肢浮腫。

3. 天谿：豐胸並可治療胸部脹痛、乳汁少。可治療胸膜炎、肺充血、支氣管炎、咳嗽、胸部鬱悶、呼吸困難、心悸、上火。
4. 壇中：豐胸及治療產婦乳汁不足、乳腺炎、胸痛。治療咳逆、氣滿、氣促、心悸、咳嗽、胸膜炎、支氣管炎。
5. 乳根：治療乳癰、乳汁少、胸痛。治療咳嗽、氣喘、肋間神經痛、麻痺、胸膜炎、手臂神經痙攣、咳逆、狹心症。

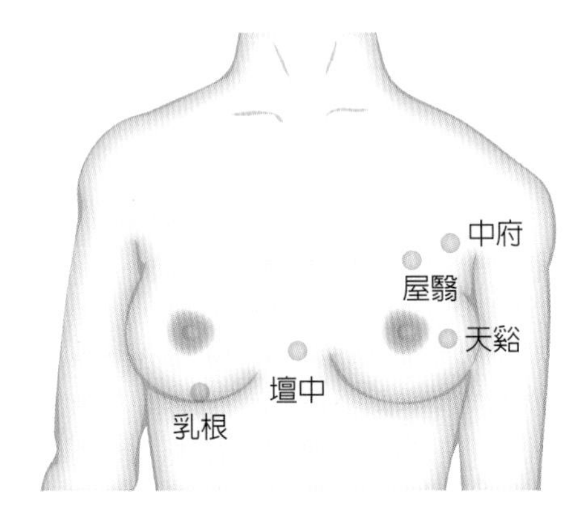

圖4-25 胸部穴位圖

五、豐胸補帖

（一）腳筋燉黃耆

1. 材料：豬腳筋（牛筋亦可）約4兩、黃耆1兩。
2. 作法：
   (1) 將腳筋處理乾淨，燙去血水，加水燉煮約30分鐘。
   (2) 放入黃耆，繼續燉煮至腳筋熟爛。
   (3) 加些鹽、調味料即可。
3. 效果：是一種豐胸藥膳，可當點心或湯空腹食用。

（二）桂圓山藥

1. 材料：桂圓乾肉3兩，山藥2斤。

2. 作法：
   (1) 桂圓乾剁碎，用少許水泡開。
   (2) 山藥洗淨連皮放入水中煮熟。
   (3) 山藥加入桂圓肉及少許水拌勻即可，熱食冷食皆可，喜歡甜食可加少許糖。
3. 效果：山藥能開胃健脾，潤肺補腎，是豐胸的主要原料。

（三）蔘耆玉米排骨湯

1. 材料：玉米、排骨、黨蔘、黃耆。
2. 作法：平常的玉米排骨湯加入黨蔘及黃耆適量一起熬煮，可補氣固元，玉米排骨湯含有玉米中的維生素E，使造血能力加強，進而維持荷爾蒙分泌正常。
3. 效果：對正在發育的青春期美人兒特別有效。

（四）豆漿燉羊肉

1. 材料：淮山150克，羊肉500克，豆漿500克。
2. 作法：油、鹽、薑各少許，合燉2小時，每週吃兩次。
3. 效果：含有動情激素、天然荷爾蒙等，其他食物如山藥、紅棗、牛奶、雞湯、排骨湯、魚湯、豬腳、花生、青椒、番茄、胡蘿蔔、馬鈴薯、木瓜、堅果和富含膠質的食物。

第五節 排毒保健

一、何謂毒素

在身體自然代謝運作下，每天要排泄、分解數以萬計的破損及死亡細胞，身體會吸收過量的體液，而在生病或受傷時，身體會分解死亡及剝落的組織。在正常情況下，這樣的運作是維持身體健康所必要的，身體處理廢物的過程不會受到干擾；但在身體不適、生病、飲食不均衡或壓力下，便出現了干擾代謝程序的情況，無法排出的廢物堆積在體內，對身體造成不良的影響。此外，菸、酒、咖啡等嗜好品、汙染環境及食品添加物都會造成身體無法淨化。常見的副作用為倦怠、疲勞、便祕、口腔潰爛、黑斑、粉刺、呆滯、毫無生氣、腫脹、體液減少分泌、肌肉無力、頭痛等。

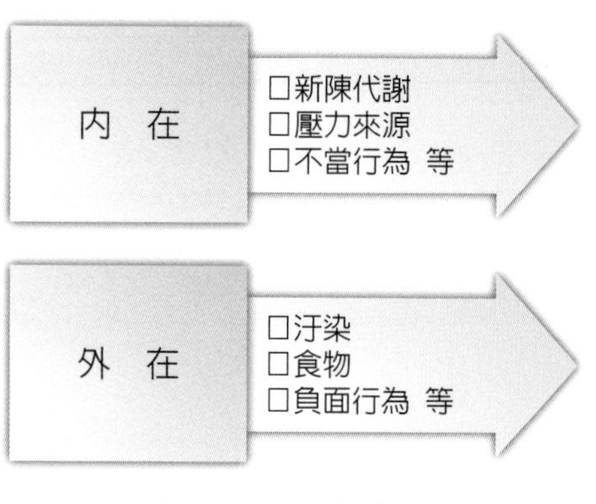

圖4-26 毒素成因

二、身體排毒部位

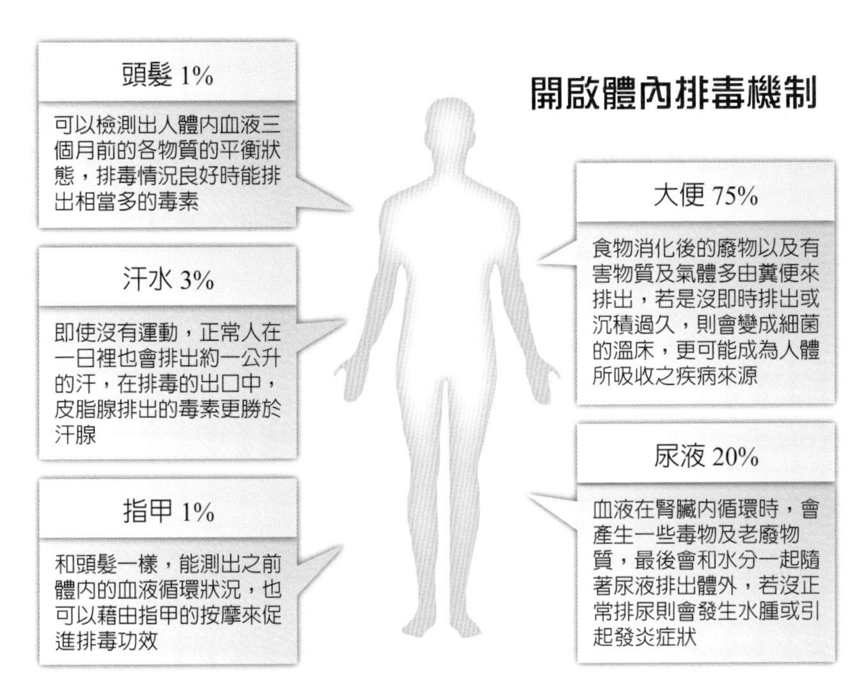

圖4-27 身體排毒部位

三、身體排毒時間

晚上 9~11點／免疫系統（淋巴）排毒時間。

晚間 11～凌晨1點／肝的排毒時間。

凌晨 1~3點／膽的排毒時間。

凌晨 3~5點／肺的排毒時間。

凌晨 5~7點／大腸的排毒時間。

凌晨 7~9點／小腸大量吸收營養的時間。

半夜至凌晨 4 點／脊椎造血時間。

四、排毒方法

(一)益菌類食物

可刺激腸胃蠕動，並清除腸胃道的髒東西及有毒物質，減少身體的毒素累積，以加速排除宿便，使身體排除廢物的功能達到正常化。

(二)纖維類食物

纖維可以占住胃部空間，產生飽足感，另外纖維會吸附吃進去的多餘脂肪，且纖維是不被人體所吸收的，所以脂肪亦會隨著纖維代謝排除。

(三)喝水

1. 各時段喝水的效果

(1) 早上：起床空腹時喝1杯水（約7~9點），正是給體內腸胃SPA水療的好時機，而且更有助於潤腸的效果，讓你排便好輕鬆，不再為宿便所苦。

(2) 午、晚餐：用餐前30分鐘左右，可飲用約350~500c.c.的水，有助於食物的消化變得更順暢外，最主要是還能增加胃的飽足感，減少熱量的攝取。

(3) 睡前：睡前1~2小時適量的攝取水分，可有助於夜間肝膽進行排毒時，體內毒素的排出。

(4) 洗澡前後：洗澡前，適時喝上一杯水，可幫助沐浴時加速新陳代謝的作用，而沐浴後喝水的目的在於補充沐浴時所流失的水分。

2. 每日建議飲水量＝讓身體10%的水代謝

計算式：體重×70c.c.【70%×1（水密度）×1,000（1kg水換成1,000c.c.×10%）】

每小時的飲水量＝每日建議飲水量／活動時數

計算式：活動時數＝休息時間－起床時間

第六節 皮膚保養療程設計重點

一、療程的目標

1. 水合作用的維持（保濕）。
2. 酸鹼平衡。
3. 角化正常。
4. 皮脂補充。
5. 基底細胞營養補充。
6. 化妝品顧客化的使用。

二、療程設計方向

1. 選擇獨特性商品：訴求獨特成分或特別有效。
2. 族群市場調查：營業區域客源調查分析。

3. 國際資訊流行動向（知識面）：
   (1) 全球化趨勢。
   (2) 顧客化保養要點。

三、療程中使用之產品必須考量的問題

1. 安全性。
2. 安定性。
3. 能改善或解決問題。
4. 喜好性：官能感受。

四、皮膚保養療程服務程序

1. 產品說明：經驗及科學驗證舉證。
2. 產品試驗：pH值。
3. 測酒精含量。
4. 優質品與劣質品說明。
5. 貼布過敏試驗（手內側或耳下）。
6. 有效性說明。
7. 前後皮膚檢測對照。

   對照項目包含：
   (1) 毛孔清潔度。
   (2) 膚色變白程度。
   (3) 紅腫消退程度。
   (4) 皮膚透明度是否增加。
   (5) 水分數值是否增加。

(6) 油分數值是否增加。

(7) 皮膚彈性測試。

五、療程價位訂定

1. 衡量客源消費層次。
2. 考量服務附加價值（專業性及獨特性的提供）。
3. 店務營運的收支利潤預估。
4. 設計來店次數的優待。
5. 建立信任感及歸屬感。
6. 建立品牌形象。

美容保健諮詢程序個案諮詢單

一、界定皮膚問題

1. 目測標準

____

____

2. 儀器測定

____

____

二、探詢造成皮膚問題的成因及其原理

1. 環境

____

2. 個人衛生

____

3. 保養習慣

____

4. 運動習慣

____

5 睡眠狀況

____

6. 情緒狀況

____

5

Chapter

睡眠與美容保健

美的精華在於文雅的動作。

～培根

第一節 睡眠的科學

一、睡眠的意義

人們的學習和勞動都由大腦皮層的管理指揮，在學習和勞動時，大腦皮層處於興奮狀態之中。這種興奮狀態是有限度的，時間過長，神經細胞會疲勞，由興奮狀態逐漸轉為抑制狀態。此時，人就感到疲勞、乏力，這時就提醒人應該及時休息，如繼續工作，將會由於大腦皮層的興奮和抑制不協調而使工作效率下降，甚至出現差錯。當神經細胞的抑制過程擴散到整個大腦皮層和皮層下中樞時，人就會進入睡眠狀態。睡眠是每個人的生理需要，適當的睡眠能防止神經細胞因過度疲勞而受到損傷。表皮細胞核分裂產生新細胞都是在夜間進行，尤其以21時到凌晨1時細胞的活動力最強，而5~10時則是活動力最低的時候。

圖5-1 適當的睡眠能防止神經細胞因過度疲勞而損傷

二、睡眠的週期

隨著腦波的變化，可以分為幾個時期：

（一）第一階段

放鬆全身後幾分鐘開始進入睡眠狀態，身體還沒完全休息，呼吸及心跳會減少減慢，此時醒來，會認為自己沒有睡著，處於半夢半醒之間。身體感到上浮或下降，伴隨幸福感或不安感，此時對失眠的人非常重要，可能會持續20分鐘以上，無法進入下一階段，因焦慮感而醒來，無法入眠。

（二）第二階段

進入正式睡眠，可是一點點聲音就會使腦波有反應，屬於淺眠階段，可以持續20分鐘左右。

（三）第三與第四階段

對於環境中的一切不再理會，就像又聾又瞎，醒來也不清楚自己處於什麼狀態，此時肌肉完全放鬆，血壓及脈搏、呼吸都降低，流經大腦的血液量也降到最低，處於最佳休息狀態，也就是常說的熟睡期，可以恢復疲勞、增加免疫力，通常持續30~40分鐘。

（四）快速動眼期

又回到第二階段的睡眠，此時交感神經開始活躍起來，持續1~10分鐘，開始作夢，任何階段都可能作夢，但此時夢最多、最清晰，情緒起浮最大。若能睡得充足可以提升白天工作績效。

（五）周而復始整夜循環

經過動眼期又進入熟睡狀態，又再從第三階段到第二階段進入快速動眼期…，周而復始，每個週期歷時90~100分鐘，一夜會進行四到五個週期，但每個週期的熟睡時間不同，會漸少甚至停止，而由淺睡期及動眼期交替進行。而在動眼期履次被叫醒，會使熟睡機率減少，且使記憶整理情況被破壞，因此睡眠最好不要被打斷。

第二節 睡眠的質與量

一、充足的睡眠

由於睡眠是大腦神經細胞由興奮轉為抑制的保護性反應，是每個人生理上的需要，因此，人們每天的學習、工作、休息和睡眠都應有合理的時間安排，如果生活沒有規律，長期睡眠不足，就會出現頭痛、頭暈、食慾減退、思想不集中、記憶力下降，從而影響工作和學習，還可能引起神經衰弱，甚至還會因為全身抵抗力的下降而導致其他疾病。

睡眠需要的時間因各人的健康和年齡不同而有所差異。根據不同年齡階段，大致可按如下標準安排睡眠：

嬰兒	幼童	青少年	成年人	老年人
每天睡眠18小時	每天睡眠11~14小時	每天睡眠9~10小時	每天睡眠8小時	每天睡眠5~6小時

睡眠是否充足，一看時間夠不夠，二看品質好不好。睡眠的品質主要指睡眠的深淺程度。有的人睡眠時，睡得熟、睡得深，一覺醒來，精神飽滿；有的人睡下後總是似睡非睡、迷迷糊糊，稍有響動，立刻驚醒。以上兩種睡眠品質就大不一樣，睡眠的效果也就明顯不同。

二、適量的睡眠

睡眠時，人的大腦皮層處於抑制狀態，高級神經系統和整個身體都會發生深刻的變化。此時，除了眼睛和「封鎖」膀胱、直腸的環狀肌以外，全身肌肉都處於鬆弛狀態：心臟的搏動微弱緩慢，間歇時間也較長；血管中的血流速度減慢，血壓降低，人體的生理活動過程降低，新陳代謝減弱，為疲勞的身體提供充分休息與恢復功能的機會。所以，人經過深沉而恬靜的睡眠後，就會感到精力充沛。

但是，睡眠時間也要適量。長時間的睡眠，將會使人大腦中負責睡眠的部分負擔過重。一個人如果3天不活動，就會使該力量減少5%，長時間地降低人的生理活動和新陳代謝的結果，不但身體得不到恢復，反而使人昏昏沉沉，四肢乏力。所以，睡眠如同飲食不宜過量，不能貪睡，否則，將適得其反。

安眠藥能達到抑制中樞神經而導致睡眠，但由於安眠藥種類繁多，性質各異，須聽從醫師指導，方能收效。服用安眠藥易帶來副作用，如引起胃腸功能紊亂，出現噁心、嘔吐以及四肢和口舌麻木等，還有少數可能發生過敏反應。有些安眠藥長期服用，產生對藥物的依賴性，一旦停服，少數將更嚴重。因此，有些安眠藥除嚴格控制用藥劑量外，還應把用藥療程限制在3週以內。

圖5-2　安眠藥須聽從醫師指導才能服用

第三節　提升睡眠品質

為了保證足夠的睡眠時間和較好的睡眠品質，一定要建立合理的作息制度，養成有規律的生活習慣。

一、良好的睡眠習慣

（一）睡眠的衛生

睡前應養成先刷牙後洗臉洗腳的良好衛生習慣。既有利於皮膚和牙齒的保護，又能促進血液循環，有助於迅速入眠。臨睡前不再吃東西，不過量飲水，不喝濃茶或咖啡，以免引起大腦神經細胞的興奮。

圖5-3　睡前刷牙既可保護牙齒又有助於入睡

上床後立即關燈，不要在床上看書，影響睡眠和視力，而且看書易使大腦皮層神經細胞再次轉入興奮狀態，影響睡眠品質。

睡眠時要保持空氣新鮮流通，不要矇頭睡眠，被窩裡的空間很小，人在睡眠中不斷呼出二氧化碳，使被窩中空氣變得更加汙濁，嚴重影響人的呼吸和健康。

（二）睡眠的姿勢

睡眠的姿勢，以身體略微彎曲向右側臥最為恰當。在正常情況下，仰臥或俯臥都不如側臥。仰臥時肌肉不能放鬆，得不到充分休息，有時候手壓胸影響心肺功能，易作惡夢而影響睡眠，俯臥時胸部受壓，對健康不利。右側臥時，不影響心肺功能。

二、提升睡眠質與量的生活習慣

（一）重新調節生理時鐘

如果有遲睡習慣或睡眠不足者，可以定時起床，但提前半小時入睡，直到在12點前睡覺，因為12點後由副交感神經來管控；但不可貪睡，一天睡足8小時即可。通常夜貓族或常值夜班者生理時鐘較易亂掉，因為其作息違反了自律神經的定律，所以工作特性與健康睡眠有很大關係。

（二）學習放鬆心情以便入睡

睡眠障礙多半由情緒緊張及憂慮引起，應在日常生活中學習調整自己情緒，以便能順利放鬆入睡及避免作惡夢。簡單的方法是在白天利用運動消除壓力，最好的運動是練習深而長的呼吸運動及肢體伸展運動，如氣功、太極拳、瑜珈等，可以調節呼吸，達到身心放鬆效果。此外，為了延長熟睡期，也可以在傍晚之前或中午，進行一段有氧健身運動，激烈健身後5~6小時上床，因為體溫驟降，會使人容易入眠。臨睡前可以進行簡單的放鬆體操，臨睡前3

圖5-4 放鬆心情有助於入睡

小時，千萬不要做激烈的運動，會使腎上腺素分泌增加，形成亢奮情況。此外，上床前，可以用溫水浸浴，使腦部血液擴散到皮膚表面，促進全身放鬆，並保持臥室涼爽，也可加深熟睡期。如不嫌麻煩及不方便，也可以用溫水浸泡腳部，加些使神經放鬆的精油或草藥包。在睡前放點輕鬆小品音樂或全身放鬆的指導，都可以協助人放鬆心情。最重要的，當然是把擔憂及煩心的事拋到腦後，可以將煩惱的事先記下，或寫出處理方式，待明天再面對。

（三）注意營養攝取

一般來說，牛奶含有色胺酸，可協助入眠。晚餐可以吃些含蛋白質且可安定神經的食物，如白肉魚，不要吃太多或使人消化不良的食物，如大蒜、辛辣、油膩及重口味的食物。臨睡前肚子餓會影響睡眠，可吃些高糖點心，如乳酪、餅乾、蘋果、阿華田等。此外，臨睡前喝甘菊茶、檸檬茶和櫻草茶都可助眠，也可以吃些含鎂或鈣的維生素。睡前6小時避免喝茶及咖啡，前3小時別飲酒，喝酒會破壞睡眠品質，睡前也不要喝水或飲料，避免睡眠中斷。

圖5-5 牛奶能幫助入眠，餅乾則可避免因肚子餓而影響睡眠

(四) 製造良好的睡眠環境

基本上，當人真的想睡時，是不太計較睡覺的環境，包括噪音、燈光及床鋪舒適程度；但對於較難入睡的人而言，環境是否引人入眠是很重要的。首先臥室燈光要柔和，用臥室亮度來區隔夜晚及白天，晚上睡時可留一盞小燈，白天清醒時最好使陽光照到整個房間，有助於自律神經感應，調整生理時鐘。盡量避免噪音干擾（夫妻可考慮分床睡，以免互相影響），如無法順利入眠，可在睡前放些音樂與燈光配合，如夏天可以有清涼的藍色光，冬天則用溫暖的黃色燈泡。白天可以多與人互動及交談或忙於工作，使交感神經活絡，睡前則要避免，以便自律神經調節。室溫冬天以21~24℃為佳，夏天以25℃為理想，最好冷暖器不要吹一整夜。因為人入睡易出汗，應常將枕頭、棉被、床單置於陽光下曝曬。

(五) 隨時提醒自己養成良好的睡眠習慣

良好的睡眠習慣，包括睡眠時間約7~8小時、定時上床睡並睡到自然醒，連週末也不例外；如晚睡也在固定時間起床，注意睡眠不要被打斷；白天補眠不要過度，以免影響晚上睡眠；睡眠不足要馬上補眠；可以午睡，但午睡太長或沒有習慣午睡，會影響到晚上，以15~30分鐘最好，而對於晚上有應酬需晚睡者可以進行預防性的午睡（長達2~3小時）；午睡較久，剛起來半小時會頭暈、全身乏力，是因為睡眠慣性所造成。

memo

6 Chapter

情緒與美容保健

心靈美與身體美的和諧一致是最美的境界。

～柏拉圖

第一節　情緒的抒解

隨著科技的迅速發達，知識訊息的增加，腦力工作者的工作節奏日趨緊張。精神上的超負荷，會使中樞神經持續處於緊張狀態，再不注意休息和調節，將導致交感神經興奮性增強，內分泌功能紊亂，易產生身心疾病。以下的寬鬆術，可使腦力勞動者緩解心理上的緊張狀態，進行自我保健。

一、有效地運用精力

要合理安排工作、學習和生活，實事求是地制定每日、每週、每月的工作計畫或目標，並適當留出一定的休息時間，抽空散散步，活動活動筋骨，盡量讓精神上緊繃的弦有鬆弛的機會。對待事業上的挫折不必耿耿於懷，亦不必為自己根本無法實現的「宏偉目標」而白白地嘔心瀝血，弄得精疲力竭。

二、縮短工作週期

每完成一項工作任務，可謂是一個週期，當你提高了工作效率，攻克了某個難關或完成了一件重要工作，達到「柳暗花明又一村」的境地時，心情會豁然開朗，愉悅之情油然而生，這種完成任務後的歡愉，對身心健康是有益的。

三、要有業餘愛好

腦力勞動者的業餘愛好可作為轉移大腦「興奮灶」的一種積極休息方式，有效地調節大腦的興奮和抑制過程，進而消除疲勞，改善情緒，能使你從緊張、乏味無聊的小圈子中走出來，進入了一個生趣盎然的境界。業餘愛好的內容是廣泛的，諸如書法繪畫、養鳥養魚、培植花卉、音樂舞蹈、旅遊垂釣、棋類等等。可根據自己的興趣選擇，適當「投資」，最好養成習慣，能調節生活，使你樂而忘憂，緩解緊張感。

四、研究心理調節，面對現實

生活中的煩惱是難以避免的，喜怒哀樂人皆有之，遇到不愉快的事，心情不好時，如找知心的朋友談談，一吐為快，或出去走走，上影劇院等。對待困難要看到光明，失敗之時要多看自己的成績，要有自信心，相信自己的力量。這樣有助於釐清思路，戰勝逆境，克服困難。

五、堅持運動鍛練

每天可安排半小時，根據自己的情況靈活掌握。鍛練項目可選擇跑步、快走、太極拳、廣播體操、球類等等。運動鍛練對腦力勞動者來說，既可放鬆身心，又能增強體質。

圖6-1　練太極拳可以體悟身心的全然放鬆

六、每週娛樂半天

連續累積一週的腦力勞動，需要好好休整一下。娛樂是一種積極的休息，對消除大腦疲勞十分有益。星期天可同家人、朋友盡情玩半天；亦可到外面逛逛，享受大自然的恩賜。或者利用週休二日的時間，到不太擁擠或不太遠的郊區，享受全身的放鬆，時下流行的SPA養生觀即在現代人的需求下應運而生，使人在短暫的放鬆後，有力量重新出發。

在研究人類行為表現時，常發現遺傳和環境的交互作用對人的影響最大，在環境的定義中常討論的話題與衛生安全有關，而情境則與人的精神層次有關，情境是一種刺激，會引發個體不同的聯想，有不同的情緒反應，而情境療法就是透過環境對人體的感官刺激，使人達到放鬆壓力，恢復疲勞的方式，下節將介紹情境中的色彩、音樂及植物芳香對身心健康的效用。

圖6-2 時下流行的SPA可使人在短暫放鬆後更有力量重新出發

第二節 情境療法

人為大自然的一環，應與大自然和諧共存，效法及遵循自然法則，並善用資源，才能享盡天賦壽命。但現代人承受多元壓力，而人的壓力是造成身體「非病不適」症狀的重要因子，「眼觀」久視、「耳聞」吵雜、「鼻嗅」空汙、「舌味」濫食、「身觸」少動、「意想」思多，精氣過耗易造成六種主要感知系統失衡，進而影響身心靈健康，若善用適當的六感情境元素，不僅能調和與療癒身心靈失衡狀態，在生活中怡情養性，亦有提升專注力、學習力與創造力…等功能。

大自然中有許多療癒的情境元素，如常踏青進入森林或草地，可抒解肝鬱、憂鬱；看看大海、波波浪潮，可平衡自律神經，忘卻煩憂；欣賞紅花彩葉，可欣喜開朗；聞其芳香，心曠神怡；聆聽流水、蟲鳴鳥語等天籟之音，可放鬆心情、昂揚天際，舒爽心情，若無法常接近自然，則需善加運用情境元素的營造，透過感官自然活化，進行情境療癒。

一、色彩療法

人體透過視覺對各種顏色產生不同頻率的感受，在精神上和生理上，一個色彩協調的環境，可使人心情舒暢，增強人體自癒能力。法國色彩協會做過實驗，在紅色房間的人，心跳每分鐘會增加17~20次。心臟病患者，一般禁忌紅色。在黃色房間，人的脈搏處於正常；在藍色房間的

圖6-3　不同色彩的環境對人體精神上與生理上都有不同影響

人，脈搏要慢一些。血壓高的人戴上灰色眼鏡能降血壓；血壓低的人面對紅色，血壓能升高。患青光眼的人，戴上綠色眼鏡能降低眼壓。藍色對付感冒有特殊的效力、紫色能使婦女情緒安靜；淡藍色能降熱退燒。紅黃色可激起患者的活力、興奮和希望，增強抗病力和求生慾望，而白色和其他淺色，能使患者情緒安適、鎮靜，有助疾病痊癒。

色彩對我們身體所造成的影響不僅有眼睛看得到的部分，還包括我們的皮膚和肌肉，甚至於骨骼；例如將身體曝露在藍光下可以用來治療嬰兒的黃疸，缺乏光線照射使人沮喪，過度照射光線使人老化。一般的情況，光譜中偏紅色一端的顏色容易造成身體的緊張，而光譜中的藍色一端則會使身體鬆弛下來，暴露在紅色中血壓會升高，而藍色會使身體鬆弛並降低血壓。

二、音樂療法

音樂能激發人的精神力量與體力。從事單調沉重或緊張工作的人，在音樂聲中休息要比平靜地躺著更能消除疲勞。實驗證明，悅耳的音樂，透過人的聽覺器官傳入大腦皮層以後，對神經系統是個良好的刺激，對心血管系統、內分泌系統、消化系統也有一定的作用。

因為聲音來源於振動，而人體本身就是由大量振動系統構成的。聲帶振動才能發聲；胃壁週期性的收縮和腸的蠕動可以消化食物；心臟的跳動使血液循環。外界一定頻率的機械振動作用於人體後，能和各器官的工作節奏協調一致，也就是使人體產生有益的共振。這種共振能使人精力充沛、情緒飽滿。

圖6-4　悅耳的音樂可使人保持朝氣蓬勃

優美的音樂能促使人體分泌一種有益於健康的生理活性物質，可以調節血液的流量和神經的傳導，使人保持朝氣蓬勃的精神狀態。反之，喧鬧嘈雜聲或憂鬱寡歡，會使身體產生另外一種對神經和心血管組織有副作用的化學物質，損傷人體的健康和正常心理。

物理解釋是這樣的：聲音振動產生一種與另一物體或人的可比頻率。這個人或物體的振動承受不了類似振動的壓力，就像「黑暗」或身體上的疾病無法忍受健康的振動或從某種意義上講不能接受光線一樣，這樣一來，失調便會解除或瓦解。小調幫助我們開發主觀性（內在自我），大調則迫使我們變得外向和富於創造性。主要由節奏構成的音樂可影響身體；主要由旋律構成的音樂可感染情緒；音樂和聲則可振奮精神。世間萬物的聲音總和構成一個和諧和弦，這便是我們這顆行星的基調。在精神方面，透過音樂和聲可滲透得更深，觸及更高境界的自我。

三、色彩與音樂療法配合

根據畢達哥拉斯的顏色與音樂理論，已經確定在七種光譜色與七音階之間存在著可比振動頻率。顏色與音樂不僅能治病，還能排除各個人體內的神經傳導阻滯，以使自然能量能夠在治療過程中充分發揮作用。一旦我們掌握了

某人的基本音調和色調，就能利用這些工具釋放出這種能量並與此人產生共鳴。

實施色彩與音樂配合的情境療法時，可以用所需顏色的彩色燈泡、家庭裝飾或服飾選用特定的顏色、想像正在呼吸這種顏色、以及（或）觀想某一顏色完全包圍全身並滲透進身體中等方式，創造色彩上所需情境，再配合音樂的播放以創造有療效的音樂情境。而色彩情境與音樂情境則有一定的相對應規律，以下介紹顏色與對應音調，並加以表列整理。

（一）紅色

紅色是光譜上的第一種顏色，與中央C音相互關聯。它代表我們的生命能源——血液。它能產生令人精力充沛的積極作用，並能促進周邊血液循環。對紅色作出積極反應的人肯定精力充沛，獨立性強。但是，同一類人也可能反感紅，因為他們的體內已經具備充足的精力。那些無精打采和（或）缺乏信心的人不應馬上接觸紅色，以免對他們的神經系光衝擊太大。應該逐步增加顏色能量，一開始先按目前的水準施加能量，先用些黃色，然後再用橙色。運用紅色往往可以有效治療血壓低、貧血、關節炎、肺氣腫和血液循環不良。每一個位於它所代表的人體精神力量中心的顏色，只有在需要平衡時才用來給予刺激，而不是注入過多的活力。自然界找到與紅色的聯繫，有秋季色彩豔麗的樹葉、可愛的紅玫瑰、鳥類身上深淺不一的紅色色澤。

圖6-5 紅色代表生命能源——血液

(二)橙色

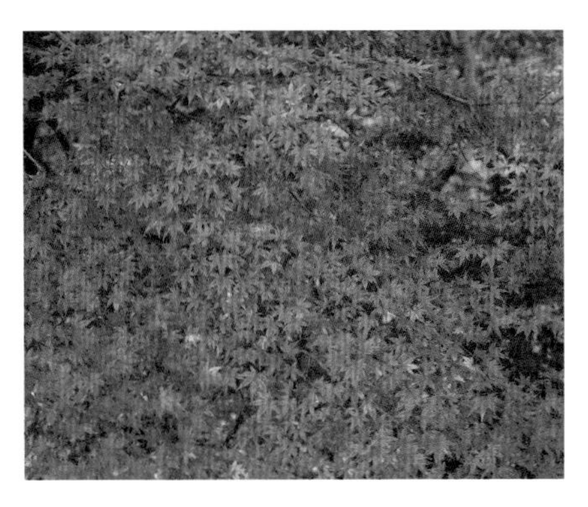
圖6-6 橙色能量頻率很強，能使人擺脫憂鬱，建立自信和勇氣

橙色像紅色一樣，對有些人來說可能過於刺激，因為它是一種能量頻率很強的顏色。橙色常常能有效治療貧血、關節炎、糖尿病和任何種類充血或僵硬的病症。使用橙色還可以消除便祕。橙色往往能使人擺脫憂鬱和使那些缺乏自信心的人建立自信和勇氣。橙色對大腦的作用是幫助吸收新的思想和使人擺脫禁錮，開拓思路。與橙色相對應的音樂是中八度D音和這個音上的和弦。這類人性格非常開朗，願意在一個團體中與他人共事，而不是獨自工作。讓我們的周圍充滿本人特有的顏色，經常呼吸這一顏色，不斷穿戴這一顏色，所有這些舉動都將增強作為帶有橙色射線的人為人處世的能力。下次你碰到緊張局面時，試著穿件橙色的衣服並在你周圍布滿橙色，以增強你的勇氣和自我價值感，然後再奏一些令人振奮和愉快的、屬於橙色的音樂。

(三)黃色

圖6-7 黃色所含的物理能量影響人的智力與情感

黃色與腹腔叢和胰腺互相關聯。它表現我們反應的「本能」程度。黃色中含有物理能量，這一顏色具有的振動頻率強烈地影響著人的智力與情感。黃色應能使人對生活產生樂觀的情緒。這一顏色還將刺激大腦細胞，使人獲得學習、分析和成為思想家的能力。從事腦力工作應該成為這類人的主要成就之一，但這類

人應注意控制感情。每當從事大量使用腦力的工作時，穿件黃色衣服或使自己處於周圍都是黃色的環境中會很有幫助，與黃色相關的音樂是中八度的E。黃色有助於減輕便祕，治療關節炎、某些竇炎及肝臟與脾臟疾病。

（四）綠色

綠色確實能使人的心靈得到休息、平靜和安寧。此時此刻所需要的是，拉近更富活力或體力的階段與精神階段之間的差距。綠色與F調相關聯，它的顏色能使疲勞的神經得以恢復，並能產生新的能量。它還可以作為骨折癒合和治療潰瘍的輔助方法。綠色是一種極為平和的顏色，能使神經系統恢復平靜。

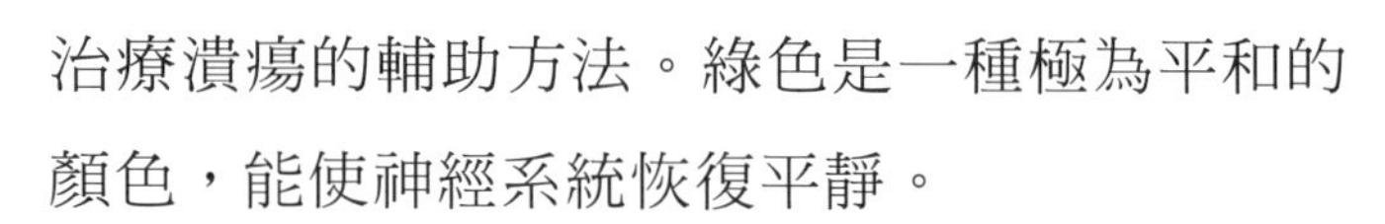

圖6-8　綠色使人的心靈得到休息、平靜和安寧

（五）藍色

藍色與G調相關聯，以藍色為基本色的人，欣賞生活與大自然純樸的美。如果人們需要回首往事，那麼這一顏色將能幫助他們回到過去，因為它是一種引人沉思的顏色。藍色是一種具有電磁場的冷色，所以被認為是最佳殺菌劑之一。使用藍色，常常可以使高血壓得到穩定。藍色還可對喉嚨痛、血塊、痤瘡、膀胱感染、肺炎、噁心和燒傷等產生療效。具有藍色射線的人可能要大量使用嗓音，因為這種顏色與嗓子密切關聯。這些人可能會成為歌手、教師或講道的人。這並不意味著這些人一定從事宗教工作，而是意味著處在藍色道路上的人

圖6-9　藍色是一種引人沉思的顏色

有一種服務他人和在一切溝通中誠實待人的態度，且不論他們可能從事什麼種類的工作。

（六）青色

青色和中八度A調相互關聯，青色能喚醒內在意識，使你意識到你有責任聽從這裡發出的指示。這種顏色的確是一種產生極為強烈的精神振動的顏色，它在很多情況下都有巨大功效，與前額區相互關聯的青色可能經常對眼睛、耳朵和竇道疾病有治療作用。為有助於沉思（青色在這方面極為擅長），可在周圍布置一些這種顏色並彈奏能使你放鬆、陷入沉思狀態的音樂。還有靛藍和純藍都十分有益沉思。

圖6-10 青色能喚醒內在意識

（七）紫色

紫色是一種威嚴的顏色，能為崇高理想服務與奉獻，紫色基調的人在生活中常成為領袖人物。紫色能量除了為我們提供精神力量外，在許多情況下還能使我們的身體得到康復。紫色對精神的刺激與紅色對身體的刺激一樣強烈。高頻率對智力遲鈍的大腦會產生壓抑，紫色由於具有極高的振動頻率，所以不適合發育未成熟的、遲鈍的或發育不健全的大腦，與紫色相關的樂音是中八度的B。利用這種顏色能把緊張或煩躁的心情轉化為鎮定而平靜的意識；紫色還有助於消除失眠。此外，紫色具有促進生長的特性，人們已經成功地利用紫色光治癒了禿頂，即使沒有髮根，也能促使頭髮再生。

圖6-11 紫色具有極高振動頻率，能鎮定緊張或煩躁的情緒

（八）柔和的淡色與彩虹色

使用淡色能量的人善於用大腦和心靈思考，他們不同於更容易接受彩虹色的人，因為彩虹色靠的完全是直覺和精神本能。彩虹色能夠反射光線，運用這種顏色時，要取決於個人的發育水準。缺乏精神意識的人無疑將不可能接受這些極為強烈的振動。另一方面，那些在精神上發育良好的人將以非常積極和有益的方式對彩虹色作出反應。

圖6-12 使用淡色能量的人善於用大腦和心靈思考

表6-1 色彩與音樂療法對應表

顏色	音調	樂曲	精神力量中心及腺體	特徵	適應症狀
紅	C	舒伯特 軍隊進行曲	脊柱底 性腺	體力充沛 有領導力 獨立性強	貧血、血液循環不良、體力衰竭
橙	D	布拉姆斯 第五首匈牙利舞曲	骨 脾臟、肝臟	自尊 勇敢 性格外向	低血壓、神經緊張恐懼
黃	E	蕭邦 夜曲	臍 腎上腺、胰腺	性格內向 善思考 富情感 足智多謀	胃功能失調、抑鬱症、學習能力差、緊張
綠	F	孟德爾頌 e小調小提琴協奏曲	心 胸腺	平衡 寧靜 康復力強	心臟及血液循環失調、各種潰爛
藍	G	巴哈 G弦之歌	咽喉 甲狀腺	沉著鎮定 淨化心靈	高血壓、發燒、皮膚病、情緒緊張、內部感染、癌症
青	A	舒曼 夢幻曲	第三隻眼 腦下垂體	直覺性強 奉獻精神 記憶力強	精神病症、缺乏熱情
紫	B	柴可夫斯基 降B小調鋼琴協奏曲	頭頂 松果體	奉獻精神 意識到神力	缺乏自信、精神病症

四、芳香療法

近年來掀起一陣精油狂熱，其熱鬧的程度不亞於減肥的熱潮，精油之所以能吸引廣大的消費者，主要是精油的嗅覺刺激及浪漫的想像空間，加上植物性的溫和療效，能滿足一物多功能的心理需求，其價格由平價到昂貴，依出產國及植物種類而不同，通常來自於澳洲者較便宜，東南亞則以香料類的為主，玫瑰及茉莉等花朵類的精油較昂貴。精油可由嗅覺刺激大腦的皮質，使全身達到放鬆或提神的情況，而不同的味道對情緒有不同的作用，薰香燈的種類更是琳瑯滿目，美不勝收，各種懷舊或異國情調的作品，使人聯想到不同的情趣。精油的薰香方式也有許多方法，有用無煙蠟燭燃燒的方式，有利用機械振盪的原理，也有利用燈泡加溫的方法，使芳香分子揮發在空氣中。

圖6-13　精油可由嗅覺刺激大腦的皮質，使全身達到放鬆或提神的情況

此外，與乳化劑融合能溶解於水中的精油，可以利用水溫的效果，達到療效，配合水蒸氣將芳香分子散布在空氣中，但切忌將純精油直接滴在水缸中，會導致皮膚灼傷或過敏，而將調過的精油混合在保養品中可以達到保養皮膚的效果，通常自行調配以基底油加複方精油為

佳，以免單方過於強烈，一般臉部保養加2~3滴，身體保養則加5~7滴。

芳香精油中，香料類及較刺激的精油不宜用在孕婦身上，避免引發子宮收縮；高血壓病患為避免刺激血液循環，應避免使用刺激性較強的精油。此外，使用精油時應避開有靜脈曲張的部位，氣喘患者、精神病患、癲癇症及癌症患者也不宜使用精油。

第三節　運動與情緒抒解

一、有益健康的運動

適度的運動可以加速全身血液循環，使代謝正常，增加肺活量，促進細胞帶氧量足夠，提升人們的自我形象及有效宣洩情緒，讓人變得樂觀。但礙於現代人生活忙碌，多從事腦力活動，極少有時間進行體能運動，建議以下運動，可落實在日常生活中：

(一) 跳繩

跳繩是一種以四肢肌肉活動為主的全身運動。運動時，兩腳跳躍，兩腕旋轉，肩、腰、腹、臀直到腳部等各關節都會參與活動，因而不僅有利於發展人體的靈活性、爆發力和耐久力，尤其對人體的心血管系統、呼吸系統、神經系統均有顯著的作用。

在跳繩時，心跳加速，全身的血液循環會加快，體內的新陳代謝過程隨之加強，身體各部位可得到充分的氧氣及營養物質供應，並能排除體內的代謝產物。所以，持久的鍛練，心肌的收縮就會有力，呼吸肌力量會加強，從而可使心血管和呼吸系統的機能得到增強和提高。由於跳繩型式多樣，動作多變，速度可緩可急，能使手腳靈活協調動作，有利提高神經系統的協調性和增強反應能力。這些也有助於使神經、肌肉和內臟器官適當地興奮和緊張，以能順利進入劇烈運動競技狀態。所以，跳繩是一項有益全身的體育活動。

（二）跑步

跑步能增強體質，特別是提高心肺功能，已被人們公認。但近年來研究發現，跑步對提高神經機能、改善情緒、防止精神抑鬱也十分有益。

英國科學家研究證明，每天持續進行體育活動，尤其是從事長跑的人，可能產生一種特殊的欣快感。其原因是，跑步能使人體內的內啡呔含量增加。內啡呔是大腦分泌的一種生化物質。這種生化物質的作用類似嗎啡，是一種天然的止痛物質，還可使人產生欣快感。另外，有一些學者搜集了長跑運動員的血液樣本，經化驗顯示，一種叫做「兒茶酚胺」的激素在交感神經的支配下大量分泌出來，

圖6-14　跑步使內啡呔分泌增加，對改善情緒、防止抑鬱十分有益

超過正常濃度數倍。兒茶酚胺能加強大腦皮層的興奮過程，提高人對刺激的敏感性，使人精神愉快，自我感覺良好，食慾增加。這是兒茶酚胺引起人體內代謝的變化，特別是電解質變化的結果。而長期精神抑鬱的人，兒茶酚胺的分泌量是很低的。

目前，在世界各地，特別是已開發的國家，利用跑步機來治療精神抑鬱症，越來越受到人們的重視，據美國維吉尼亞大學精神專家布朗的研究顯示：在控制精神衰弱方面，跑步比藥物更為優越。他所診治的病人中約70%患有精神抑鬱症，在進行1個月的跑步後，80~85%的精神抑鬱症病人均獲明顯效果。

（三）跑樓梯

據運動醫學研究，人進入中年後，人體新陳代謝以每十年6~8%的速率遞減。跑樓梯運動，可以使人體的新陳代謝保持旺盛。

上樓梯時，大腿要抬高向上邁，頸背及腹肌參加收縮幫助舉腿和蹬伸，下肢肌肉在蹬伸增加位能中受到鍛練；在運動中，人體將抬頭挺胸，兩手臂用力擺動，使肩帶肌和伸脊椎肌的肌力增強，肺活量也隨之增大。據研究，上樓梯時的能量消耗比靜坐高10倍，比步行大5倍，比跑步大2倍，下樓梯時的能量也比靜坐大3倍。

圖6-15　跑樓梯運動兼具快走、慢跑運動的許多優點

跑樓梯運動兼有快走、慢跑運動的許多優點，又能高效率地增加肌力，保持心肺功能不衰、促進新陳代謝、預防衰老，達到預防疾病促進健康的目的。但有心血管功能不良症狀的患者，鍛練時要慎重。

（四）向後退走

人體以脊柱為中軸支柱，其中以腰椎承受的重量最大，活動也最多。據測試，人站立之時，腰椎椎間盤所承受的壓力為每平方厘米10~15公斤，向前彎腰時，椎間盤所承受的壓力又將呈倍數增長，使緊貼在脊柱背後、維持脊椎穩定的伸柱肌的負擔加重。當人們向前邁步時，其動作是一個屈口收腹的過程，它會使伸脊肌進一步被拉長，其力臂很短，而與其對抗的腹肌又在遠離脊柱的前方，力臂長，因此伸脊柱肌只有費力的工作，才能與收腹肌所產生的力矩相平衡，這就進一步使伸脊柱肌的負擔加重，極易造成腰肌勞損等現象。

向後走，其動作是一個伸腰展腹的過程，這既能使腰背部的肌肉放鬆，又能使伸脊柱肌受到鍛練，活動能力增強，還能減少脊柱前屈時對腰部椎間盤的壓力，從而使腰部血液循環得到改善，腰部組織的新陳代謝提高，使脊柱的穩定性得以增強，有助於防治腰痛及達到健身的目的。

（五）步 行

生命在於運動。大量研究顯示：無論男女老少，每天步行運動，可以有效地增強身體的耐久力、抗病能力和消除疲勞，還能延遲衰老；而且簡單易行，又很安全。步行運動和慢跑、游泳、騎自行車一樣，能將全身的骨骼、關節、韌帶、肌肉、呼吸、血液循環的功能充分調動，使身體能攝取更多的氧氣，從而促使體內的能量代謝。步行可以減少體內的多餘脂肪組織，降低血中的三酸甘油酯和膽固醇的含量；增強或改善心肺的功能，預防心血管系統疾病的發生。步行不僅能鍛練全身的肌肉，還能對腹腔內的臟器起按摩作用，達到改善消化、泌尿器官功能的作用，也能使大腦皮層保持良好的思考和工作能力。

圖6-16　步行不僅能鍛練全身的肌肉，還能對腹腔內的臟器起按摩作用

實驗證明，每天以1小時3公里的速度步行一次，消耗300大卡的熱量，其效果和每天進行同距離的慢跑差不多，步行堪稱是一項理想的保健運動。

（六）森林浴健身法

科學考察證實一條規律：凡長壽老人集中之處，多為綠色植物豐富之鄉。其中奧妙何在？

人們生活在綠色環境中為何能夠袪病延年呢？原來，樹木除了能提供富含負離子的新鮮空氣外，還能揮發出一種對人體健康有益的芳香物質「芬多精」。這種物質平常瀰漫在森林裡，能將空氣中的細菌殺死，吸入人體後，能起消炎殺菌和促進內分泌的作用。

圖6-17　森林浴可調節神經、消除疲勞、促進身體健康

經常到樹林裡散步、休憩並呼吸新鮮空氣，是一項值得提倡的健身運動，人們稱之為「森林浴」，它對人體健康大有裨益。森林浴在歐美和日本等國很盛行，人們定期到野外去尋覓森林綠地，以野餐露宿，呼吸大自然新鮮空氣為一大樂趣。對於長期生活在車水馬龍、環境喧噪的城市居民來說，進行森林浴還能調節神經、消除疲勞、促進身體健康。晚秋到冬季的時候，裸露皮膚使之接觸空氣，使皮膚對寒冷產生抵抗力，較不易感冒，皮膚看起來也會較有血色。

二、運動健身注意事項

(一) 冬季清晨不宜室外鍛練

環境監測結果顯示：在城市中，地面空氣潔淨程度隨著季節、時間的變化而有明顯差異。每年夏、秋兩季的空氣較為潔淨；在冬、春兩季開始的兩個月中，空氣潔淨程度最差，而且每晝夜還有兩個最差的高峰時間，一個在上午8時以前，一個在下午5~8時，但它們也有兩個相對潔淨的時間，即上午10時左右，下午3時左右。

造成這個差異的主要原因是冬季清晨的氣溫低，地面溫度低於空間溫度，在空中有一個「逆溫層」，使接近於地面的汙濁空氣不易稀釋擴散。而且，冬季清晨的霧也較多，許多有害的汙染物會附著於霧氣飄浮於低空，加上冬季的綠色植物也減少很多，從而造成冬季清晨空氣的潔淨程度最差。此時進行運動，空氣中的汙染物就會透過呼吸道大量進入人體。同時，人體在冬季的新陳代謝活動相對減弱，對疾病的抵抗力也隨之降低，這就不利於人體的健康。當太陽升起後，地面溫度會逐漸升高，覆蓋於地面的逆溫層就會逐漸上升，汙濁空氣也會隨之升起而擴散。因此，上午10時以後地面空氣的潔淨程度最好。

在冬季進行運動時，應合理地選擇時間，一般以上午10時以後或下午4時以前為宜，這樣能在最大程度上避免或減少受空氣汙染的危害，真正達到鍛練健身的作用。

（二）傍晚鍛練最有益

一切生物，從軟體動物到人類，無不具有生理節奏。日常最明顯的節奏是一睡一醒的循環，其如體溫、血壓、內分泌量等也都有節奏的變化。如何順應自然節奏行事，以增進健康、提高工作效率，是「時序生理學」的一項重要內容。

時序生理學家研究顯示，傍晚運動最有益。美國俄克拉荷馬州立大學健康中心的研究人員指出，人的各種活動都受「生理時鐘」控制，在一天24小時中，體力發揮最高點的時間多在下午接近黃昏的時候。此時人的感覺——味覺、視覺、聽覺和嗅覺最敏感，體能反應最靈敏，協調能力處於最佳狀態。對游泳、賽跑、擲鉛球、划船等運動選手進行的對照研究發現，傍晚的成績勝過上午，棒球運動在傍晚擊球動作反應最快。

研究發現，人在傍晚的適應能力也達到高峰，尤其是心率和血壓，一般在傍晚時均較低且平穩，故較好適應運動時心率的增快和血壓的升高。研究顯示，早上進行運動心率和血壓上升的幅度較傍晚明顯，容易影響健康和運動潛力的發揮。最近，美國心臟病學會的研究人員指出，老年人的運動鍛練最好在傍晚進行。研究證明，老年人傍晚進行散步、慢跑、體操或自行車運動，每週4~5次，6個月後，可使體內化解血栓的

圖6-18 傍晚運動對身體最有益

功能增加39%。早晨人體內血液黏滯度大，化解血栓能力低，傍晚則相反。傍晚運動可使人體化解血栓能力達到最佳狀態，能有效避免冠狀動脈和腦血管內血栓的形成，對防治心臟病發作和缺血性中風大有裨益。

第四節　放鬆術的運用

每個人都會有壓力，也不停嘗試解決壓力的方法。除了找出壓力來源，加以消除外，另一方面可以透過認識壓力與壓力反應，觀察壓力反應，在壓力反應出現前，使用一些技巧予以控制或減低焦慮、緊張的感覺，這樣就能以較輕鬆的態度看待「壓力」，不會讓它變成一種身體的負擔。根據研究指出，學習放鬆技巧可以克服焦慮、恐懼與不安，以及預防疾病的入侵。

長期持續練習放鬆技巧，達到深層放鬆的程度，可達到以下效果：

1. 改善焦慮、恐慌的症狀。
2. 避免壓力累積。
3. 增加活動力與生產力。
4. 增加專注及注意力。
5. 改善睡眠品質並減少疲勞。
6. 預防高血壓、頭痛、偏頭痛等身心疾病的發生。

圖6-19　持續練習放鬆技巧可以減低焦慮緊張的感覺

7. 提高自信心。
8. 不會累積情緒、能適時表達情感，不因緊張、壓力而無法流露情緒。

以下將介紹三種放鬆技巧，包括腹式呼吸法、漸進式放鬆法及想像式放鬆法，你可以透過這些技巧的說明，選擇適合自己使用的方式，每天練習，將讓你輕鬆生活，壓力不再是困擾。

一、腹式呼吸法

陽光、空氣、水是維持生命的基本要件，而「呼吸」是代表著生命存亡的標誌。每個人都將「呼吸」視為理所當然，卻不知呼吸習慣也深深影響著每個人的情緒起伏，會變成一種身體壓力。大多數的人習慣使用胸式呼吸，這種呼吸方式在遇到壓力時，呼吸變成淺、短、急促，而產生過度換氣的狀況，帶來焦慮、沮喪和疲倦的感覺，更難應付壓力情境。所以養成良好呼吸習慣，是身心健康的基礎。

腹式呼吸是初生嬰兒或原始人類採用的呼吸習慣，這種方式可以讓人減低焦慮、沮喪和疲倦，體驗放鬆。

1. 長期持續練習腹式呼吸的效果

(1) 提供大腦及全身細胞足夠的氧氣。
(2) 提升副交感神經作用、感覺較放鬆。
(3) 感覺身心的結合。
(4) 改善注意、專注力，讓心更安靜。
(5) 有助於放鬆。

2. 腹式呼吸的練習步驟

(1) 先找個舒適的位置，或坐或躺都可以，鬆開較緊的衣服，雙腿自然地微開，一手放在下腹，另一手輕放在胸部，雙眼微合，由鼻子吸氣再由嘴巴吐氣，注意在下腹的手會隨著呼吸上下起伏。

(2) 想像胸部與腹部之間有層橫膈膜，橫隔膜是身體內最有彈性的肌肉之一，當吸氣時，想辦法把橫膈膜向下拉，橫膈膜下降，胸部便會自然擴張，氣體便會流至胸腔之內。

(3) 吸氣時默念「1秒鐘、2秒鐘、3秒鐘、4秒鐘」並暫停1秒，仔細感覺放在腹部的手會跟著上升1吋，請記得不要牽動你的肩膀，想像溫暖且放鬆的氣體流進你的體內。

(4) 吸到最底時，停1秒鐘，再慢慢地吐氣，將嘴噘成小圓狀，吐氣速度越慢越好，越慢越能夠回饋給我們的腦袋，產生安全、平靜且放鬆的感覺。

(5) 以相同的方法吐氣，仔細感覺放在腹部的手會跟著下降，並想像所有的緊張也跟著釋出。

(6) 想像放在腹部的手就像一艘小船航行在大海上，隨著浪高吸氣，浪低時吐氣。

(7) 若感覺輕微頭暈，請改變呼吸長度及深度。

(8) 重複以上動作5~10次。注意：一開始的練習並不能很快地讓空氣達到肺部深處，必須一再練習，使自己更專心。

(9) 若較難維持規律的呼吸，則輕輕的深呼吸，維持一到兩秒，再噘嘴緩慢吐氣約10秒，之後再開始先前的腹式呼吸步驟。

腹式呼吸的練習，除了飯後半個小時之內不適宜外，一天中只要有3或5分鐘的空檔，都可以練習腹式呼吸法，練習越多，你會得到越大的幫助。

二、漸進式放鬆法

在恐懼、不安、緊張時，壓力為身體帶來的反應，經常出現的就是肌肉緊張、頸部、肩膀僵硬，甚至有頭痛現象。漸進式放鬆法可以讓你感受到肌肉緊張與放鬆的關係，進而體會身體真正放鬆的感覺，對於肌肉經常處於緊張狀態、易焦慮、失眠、沮喪、疲倦、頸部或背部痠痛、高血壓、輕度恐懼等症狀有改善作用。

1. 長期持續練習漸進式放鬆法的效果

(1) 減低焦慮。

(2) 減少恐懼感。

(3) 減少恐慌症狀的發作。

(4) 改善專注力。

(5) 有助於提高自我情緒控制。

(6) 提高自信及自尊。

(7) 有助於適時表露情緒、不致讓壓力累積。

2. 漸進式放鬆法練習需知

(1) 穿著寬鬆的衣服，將眼鏡、手錶、領帶、首飾等會束縛身體的物品取下，以舒服的姿勢坐著或躺著。

(2) 眼睛可以輕輕閉上或張開。

(3) 告訴自己不要擔心任何事，保持被動的態度，不要刻意努力放鬆，讓身體自然做主最好。

(4) 每個部位在「緊」的練習要持續7~10秒，「鬆」的練習可持續15~20秒。

3. 漸進式放鬆法的練習場所

(1) 選擇一個安靜、有隔音設施、不受干擾的空間。

(2) 將室內燈光減弱（若有窗簾請拉上）。

(3) 可以採用坐姿或臥姿進行。若採用臥姿，可躺在地毯或較硬的沙發床上；若採用坐姿，可使用有扶手、有靠背或較堅固的椅子；若使用沒有扶手的椅子，也可以將手輕放在大腿上。

三、想像式放鬆法

每個人都有想像力，也不斷透過想像讓自己產生不同感受。情境尚未發生前，如果一直想像可能會遇到的困窘、焦慮，甚至於憂傷，會因而開始出現壓力反應或生理狀況，讓自己產生不快樂的感覺。反之，若能想像正向、積極的部分，就能克服這種不快樂或焦慮的感覺。

想像式放鬆可以讓自己利用想像輕鬆的狀態，以真正放鬆的狀態來面對所有情境。透過想像式放鬆法可以改善很多與壓力相關的疾病，包括：頭痛、慢性疾病及一般或特定情境的焦慮症。

1. 想像式放鬆法的練習方法

(1) 寬鬆你的衣服，找一個最舒服的姿勢，輕輕地閉上你的眼睛。

(2) 審視你的身體，看看有沒有哪些肌肉顯現出僵硬緊張的狀態，放鬆它們。

2. 想像式放鬆法的效果

(1) 減低焦慮、 恐懼感與恐慌症狀。

(2) 有助於提高自我情境控制。

(3) 有助於減低壓力累積。

第五節 飲食與情緒

越來越多的研究指出，飲食不僅直接關係到人體的健康，同時還能影響情緒。飲食對情緒的影響可分為提神、平靜、焦慮及疲倦等四方面，本節介紹各類食物及營養素對情緒的影響。

(一) 提神

一般而言，酒能為人壯膽；茶、咖啡、可可等能使人精神振奮；攝入較多蛋白質會使人興奮，因此這些都是具有提神效果的食品。

(二) 平靜

碳水化合物具有平靜情緒的效果。維生素B群對情緒也有重要的影響，維生素B_1具有減輕沮喪、煩躁的效果，因此飲食中缺乏維生素B_1會出現全身不適、情緒低落、喜靜懶言的狀態；缺乏維生素B_2時，會使人精神不振、性格懶散；而缺乏維生素B_6則會引起夜間驚夢、擔驚受怕、抑鬱不快、噁心嘔吐、疲倦無力等症狀。

（三）焦慮

脂肪使人煩躁；高糖、低蛋白飲食會使人脾氣暴躁。鈣的攝取不足則會抑制神經細胞的正常功能，使神經細胞變得十分敏感，一遇到不愉快的事情便立刻活躍起來，引起感情衝動、怒火上升、脾氣暴躁等不良情緒。飲食中缺乏鋅會導致兒童智力下降、發育不良，成人則會有食慾不振、全身發癢、脾氣暴躁等症狀。含有鈣、鎂、鋅等礦物質的食物有抗焦慮的作用，因此失眠時服用鈣片有時是有效而安全的助眠方式。維生素C也有抑制焦慮的作用，躁狂鬱症病人服用大量維生素C以後，症狀會有明顯改善，不再憂慮，而且可以充分睡眠。

（四）疲倦

食物中缺乏鐵與銅等礦物質會對情緒造成影響，缺鐵往往影響兒童大腦，尤其是大腦的左半球，容易造成兒童疲倦無力、無精打采、學習成績下降；而缺銅則通常表現為反應遲鈍、精神萎靡、發育停滯、智力下降，並會出現嗜睡的情況。

此外，有些專家認為某些食品添加物，例如食用黃色染劑、水果等食品中的水楊酸等，會導致小兒過動症，如果讓這些兒童停止食用含有添加物的食品，只吃魚、肉、蔬菜、奶製品等不含添加物的食物，症狀即可改善。

圖6-20 飲食不僅關係人體健康，也會影響情緒

第六節　壓力與疾病的關係

刺激周邊神經系統

可分為軀體神經系統作用在皮膚和隨意肌上，自主神經系統作用在內在器官上，而自主神經系統則由交感神經控制身體的情緒、壓力情境，形成壓力造成的警覺反應，當抗拒壓力的能力衰竭時，則會刺激自主神經系統的副交感神經出現功能過低的現象，導致憂鬱。

抑制免疫系統

免疫系統包括淋巴系統、扁桃腺及脾臟（淋巴球成熟的基地及壞死血液細胞的處理站），主要在保護身體免受外物（細菌病毒及黴菌）侵入，移除壞死細胞，偵察突變細胞，一旦發現侵入物及異常細胞，免疫系統就會進行消滅的動作，長期的慢性壓力會抑制免疫系統。

* 過敏症，如蕁麻疹。
* 自體性免疫疾病，如紅斑性狼瘡。

神經內分泌系統

透過刺激交感神經系統，分泌荷爾蒙對抗壓力源，釋出腎上腺素，增加心跳速率、血壓及呼吸變快，另一方面分泌可體松，增加血液濃度、提供細胞能量並有抗發炎的作用，持續性的壓力會導致荷爾蒙的改變，使抗拒壓力的能力降低。

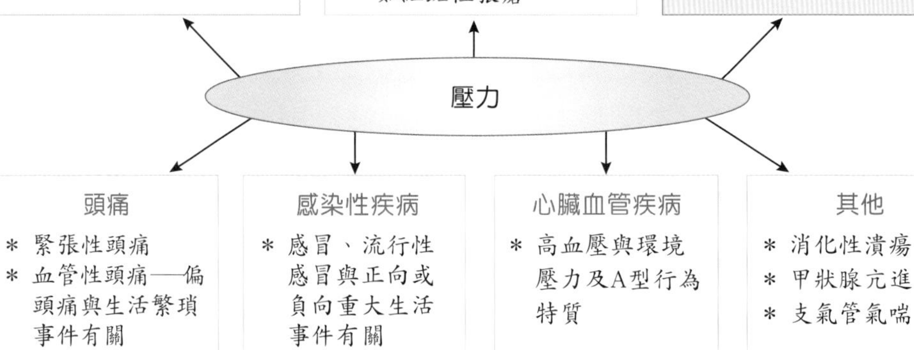

抒解壓力的方法

* 肌肉放鬆訓練
* 有氧運動訓練
* 困擾經驗自陳
* 按摩
* 情境療法
* 洗澡
* 芳香療法

圖6-21　壓力與疾病的關係

一、刺激周邊神經系統

可分為軀體神經系統作用在皮膚和隨意肌上，自主神經系統作用在內在器官上，而自主神經系統則由交感神經控制身體的情緒、壓力情境，形成壓力造成的警覺反應，當抗拒壓力的能力衰竭時，則會刺激自主神經系統的副交感神經出現功能過低的現象，導致憂鬱。

二、壓力及疾病的關係

1. 抑制免疫系統

免疫系統包括淋巴系統、扁桃腺及脾臟（淋巴球成熟的基地及壞死血液細胞的處理站），主要在保護身體免受外物（細菌、病毒及黴菌）侵入，移除壞死細胞，偵察突變細胞，一旦發現侵入物及異常細胞，免疫系統就會進行消滅，長期的慢性壓力會抑制免疫系統。

*過敏症，如蕁麻疹。

*自體性免疫疾病，如紅斑性狼瘡。

2. 神經內分泌系統

透過刺激交感神經系統，分泌荷爾蒙對抗壓力源，釋出腎上腺素，增加心跳速率、血壓，並使呼吸變快，另一方面分泌可體松，增加血液濃度、提供細胞能量並有抗發炎的作用，持續性的壓力會導致荷爾蒙的改變，使抗拒壓力的能力降低。

三、因壓力產生的症狀

1. 頭痛：(1)緊張性頭痛；(2)血管性頭痛——偏頭痛；(3)與生活繁瑣事件有關。
2. 感染性疾病：(1)感冒、流行性感冒；(2)與正向或負向重大生活事件有關。
3. 心臟血管疾病：(1)高血壓；(2)與環境壓力及A型行為特質。
4. 其他疾病：(1)消化性潰瘍；(2)甲狀腺亢進；(3)支氣管氣喘。

四、抒解壓力的方法

1. 肌肉放鬆訓練、按摩、芳香療法、有氧運動訓練、情境療法、困擾經驗自陳、洗澡。
2. 改善焦慮感的穴位點
   (1) 肝俞（膀胱經）：背部第九胸椎突起處下方左右一寸五分處。
   (2) 鳩尾（任脈）：心窩正下方，劍狀突起處下方一寸。
3. 改善憂鬱症的穴位點
   (1) 天柱（膀胱經）：後頸處正中線，近髮際五分，左右一寸三分。
   (2) 足三里（胃經）：小腿前外側，膝蓋下三寸的脛骨外側。

4. 緩和緊張的穴位點

(1) 風池穴：後頸部正中央左右兩側穴點。

(2) 肩井穴（膽經）：肩胛骨上方凹處。

(3) 第八胸椎：近肩胛骨底端之脊椎正中線第八個胸椎。

(4) 第九胸椎：第八胸椎正下方第九胸椎。

(5) 足三里（胃經）：小腿前外側，膝蓋下三寸的脛骨外側。

5. 改善經期不順的穴位點

(1) 肝俞（膀胱經）：背部第九胸椎突起處下方，左右一寸五分處。

(2) 腎俞（膀胱經）：第二腰椎突起處下方，左右兩側一寸五分。

(3) 大腸俞（膀胱經）：第四椎突起處下方，左右兩側一寸五分。

(4) 小腸俞（膀胱經）：骶骨第一個凹陷處下方，左右兩側一寸五分。

第七節 情緒與自然療法

自然療法之種類

常見的自然療法種類包括經絡綜合療法、穴位點指壓療法、推拿療法、針灸療法、生物回饋療法、呼吸療法、運動療法、熱敷療法、催眠療法、按摩療法、芳香療法、放鬆療法、經皮電神經刺激(TENS)、飲食療法、音樂療法等等。大部分的療法皆是為了改善因疼痛所引起的焦慮、緊張等負面心理情緒及睡眠品質，以達到分散注意力、改變心情、提高患者的控制力，及增加肌肉之鬆弛、促進血液循環等，使身心內外狀況皆有良好的正面效果。本活動僅就創世紀Spa中常運用的自然療法做簡介：

1. 穴位點指壓療法

指壓療法的定義：又稱「指針療法」、「點穴療法」，是以手指按、壓、點、掐等來刺激人體經絡穴位，達到預防及治療疾病的一種方法。壓迫的時間需超過15秒，一般為30秒至5分鐘。

2. 按摩療法

促進鬆弛、減少攻擊行為、促進睡眠、減輕疲倦、減低疼痛、減少水腫、促進活動、增進溝通、增加安適感、少了憂鬱、減了焦慮等。按摩可以改善血液循環以減輕相鄰組織及神經的水腫及壓力，增加血液的流速，亦有助於移除體液及毒性代謝產物，特別是在減少局部的缺血狀態。

3. 芳香療法

芳香療法是藉由精油的揮發性，特殊香味及藥理活性，來達到改變身體功能的方法。此種療法經由鼻腔黏膜的微血管吸收；或直接塗抹、按摩在皮膚上，經由周邊血管進入全身血液循環；或滴入茶汁、飲品、爽口酒中，口服由胃腸道吸收，產生驅風止痛、鎮心寧神、抒解身心壓力的作用。

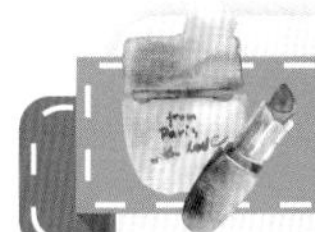

課後活動：Home Spa 療法

活動時間：30~60分鐘

1. 先用精油放鬆（洋甘菊、絲柏、橙花、薰衣草、玫瑰、檀香等）
2. 舒緩穴點
   - 天柱（膀胱經）：後頸處正中線，近髮際五分，左右一寸三分
   - 肩井穴（膽經）：肩胛骨上方凹處
   - 鳩尾（任脈）：心窩正下方，劍狀突起處下方一寸
   - 第八胸椎：近肩胛骨底端之脊椎正中線第八個胸椎
   - 第九胸椎：第八胸椎正下方第九胸椎
   - 足三里（胃經）：小腿前外側，膝蓋下三寸的脛骨外側
3. 經絡拍打：口訣
   - 從胸走手（內側）
   - 從手走頭（外側）
   - 從頭走足（外側）
   - 從足走胸（內側）

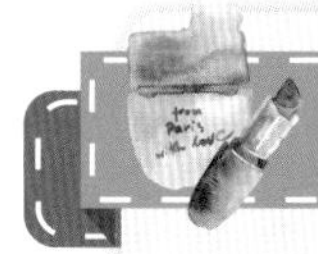

SARS（嚴重急性呼吸道症候群）使用精油建議

芳香療法採用植物精油來產生特殊功效，如尤加利精油能抑制空氣中90%的病菌，其天然化學成分——桉油醇能有效淨化空氣，在藥學屬性上也能提升免疫力。因此植物精油於提升個人免疫力及居家保健和淨化環境都擁有功效，芳香療法也能舒緩因「聞SARS色變」的情緒壓力，是最好的自然療法。

抗SARS精油處方1：

使用精油：雪松、茶樹、薑、絲柏、高地薰衣草、白千層。

比例為1:1:1:1:2:1

例如：調合成10mL　1→ 29滴（大滴孔）

　　　　　　　　　2→ 58滴（大滴孔）

使用方法：

1. 可調合植物油，早晚以一瓶蓋的量塗抹全身。
2. 可加入擴香器中薰香或泡澡，亦可隨時吸聞塗抹。

抗SARS精油處方2：

1. 澳洲尤加利、絲柏、茶樹、薰衣草、綠花白千層。
2. 乳香、迷迭香、玫瑰草、白千層、薰衣草。
3. 高地薰衣草、薑、茶樹、雪松、白千層。

上列處方每種精油可各2滴，總滴數共10滴，滴入擴香器或薰蒸臺來淨化空氣及提升免疫力，最好同時調和在10mL植物油當中，如甜杏仁油、芝麻油、向日葵油均可，則濃度為5%，每天早晚用來按摩全身或塗抹全身後進行泡澡，都能達到最好效果。另外，也可於1~2星期便換個處方，讓身體更能有效提升免疫力。

若用於孩童，請盡量降低濃度來使用，濃度最好在1~3%，也就是調合每種處方的總滴數為3~6滴，進行薰香、泡澡等方式，或加入10mL的植物油中塗抹全身，也可同時搭配使用，是快速、持續而有效的預防方法。

此外，也能透過一些讓心情愉悅的植物精油，同時搭配預防SARS的精油處方一同薰香、泡澡、塗抹，都能達到因神經情緒的放鬆而提升免疫力，可謂一舉二得。

抗SARS之愉悅處方：

1. 白天：葡萄柚、茶樹、澳洲尤加利、白千層。
2. 白天：檸檬、迷迭香、羅文莎葉、薄荷。
3. 白天：佛手柑、香桃木、絲柏、綠花白千層、薰衣草。
4. 晚上：甜橙、乳香、檀香（或雪松）、茶樹、薰衣草。

memo

7
Chapter

洗澡與皮膚保健

美的形象是豐富多彩的，而美也是到處出現的。

～黑格爾

人體皮膚上大約分布著200萬條汗腺，每天約排出汗水500~700毫升。汗水中含有1~2%的乳酸、尿素、尿酸、無機鹽等廢物，其餘都是水分。除汗水外，皮膚每天還分泌20~40公克油脂，它能滋潤皮膚，抵抗病原侵入。但是，油脂也使灰塵、細菌黏附在皮膚上。經常洗澡可除去身上的汗水和油脂，使皮膚保持清潔，還有加速血液循環，促進新陳代謝，恢復精神和體力等作用。所以，常洗澡是保健強身的良好習慣。

季節與膚質是洗澡時必須考慮的因素，臺灣的冬季寒冷、潮濕，肌膚血管容易收縮，皮膚保濕能力也會相對的下降，一旦洗過了頭，容易產生紅疹塊的過敏情況，洗完澡宜擦上化妝水及乳液等產品，改善皮膚因洗澡過度乾燥的情況。

第一節　水溫與保健效果

據水溫的不同達到皮膚保健的效果，可有熱水浴、溫水浴和冷水浴之分，如下所述。

一、熱水浴

熱水浴是指浴水的溫度超過體溫(37℃)而言。熱水浴具有舒筋活血功能，能興奮神經系統，放鬆肌肉，擴張血管，加快血液循環，促進新陳代謝，清除乳酸等引起疲勞的物質，從而消除疲勞，並有減輕關節痛、神經痛、腹背部疼痛等作用。由於水溫較高，入浴時間不宜過長。患有心臟病、動脈硬化、重度高血壓者，禁止洗熱水浴。許多人喜歡長時間用熱水淋浴，據說具有舒筋活血的效果。然而，其效果恰恰相反。

科學家的研究顯示：長時間用熱水淋浴，將比直接飲用有毒物質的水具有更大的危害性。當水被加熱時，有害氣體被蒸發出來，瀰散在浴室內而被吸入人體。淋浴時，熱水被噴射分解成無數個微小的水珠，這些水珠的表面積要比一般池浴、盆浴增加一倍多。淋浴的時間越長，水越熱，瀰散在空氣中的有毒物質就越多，被人體吸入的量也越多。據測量，淋浴時，人體吸收的有毒物質比飲水過程中所吸收的多6~100倍。

圖7-1 不同的水溫具有不同的保健效果

二、溫水浴

溫水浴指洗澡用水的溫度高於皮膚溫度(33℃)，但低於體溫而言。溫水浴刺激性小，浴後情緒穩定，臨睡前洗一次溫水浴，能促進睡眠，對一般人都合適。

三、冷水浴

洗澡用水未經加溫者稱冷水浴。對神經和血管系統等有較好的鍛練作用。冷水浴鍛練即能強健身體，又能磨練意志，使人精力充沛。但因個人身體差異及家庭條件不同，鍛練的方法也就有別。將鍛練方法作以下介紹：

應從秋季起行冷水浴鍛練，並以早晨起床後最好。用冷水洗手、洗臉，乾毛巾擦乾，然後兩手的手心手背相互對搓，感到發熱時再用手心輕輕搓臉，至發熱為止。天氣轉冷時，堅持用冷水刷牙、洗臉、洗頭、洗腳、擦身，以促進血液循環，提高耐寒力。

冬泳最好從秋天開始，否則寒冬臘月突然下水會後患無窮。冬泳前先作跑、跳等陸地活動，再用水略為刺激關節、大腿局部皮膚，然後全身入水。這樣可避免因溫差引起皮膚血管急劇收縮。應當注意，冬泳時間一般以每次30分鐘為宜，最多不超過1小時。

四、冷熱水交替淋浴法

圖7-2 冷熱水交替淋浴可以活血健身

沐浴是人們日常生活所必需，現在許多新建的住宅大都配備有盥洗室。本文特向大家推薦一種簡便易行的健身防病妙法——冷熱水交替淋浴法，有興趣者不妨一試。實踐證明，冷熱水交替淋浴，可以活血、健身，而且有極好的理療作用。

這種淋浴法的第一個重要作用是增強血液流通，而血流暢通是健身防病的基礎。當人體皮膚受到冷刺激時，毛孔會收縮以減少皮膚的散熱；而受熱時微血管擴張，血液循環加快。因此，冷熱水交替淋浴可以有效地促進血液循環，改進全身營養狀況，加速排除體內廢物和毒素。

第二個作用是對血管進行物理「按摩」。血管受冷熱刺激後會作收縮和擴張運動，經常作這種「按摩」，可使血管保持彈性，延緩血管硬化。

第三個作用是神經系統的刺激鍛練。目前，各種疾病的治療常用物理治療方法。此法不外乎使局部病灶部位的溫度升高，新陳代謝和血流加快，改進營養狀態，促使毒素和壞死細胞盡快排除。中草藥的活血化瘀作用，也是如此。但是，用冷熱水交替淋浴，對病灶部位重點進行，可達到事半功倍的效果。

冷熱水交替淋浴必須根據自己的條件，循序漸進，持之以恆。首先，水溫的選擇十分重要。初始階段冷熱水溫與體溫相近，特別是冷水，須經1~2個月的鍛練方可將水溫降至20℃以下。每次淋浴應從溫水開始，由溫變熱，3~4分鐘以後全身有溫暖感，然後換冷水淋身，約1~2分鐘後停水，再用雙手摩擦全身皮膚。這既活動全身，也是提高皮膚溫度，增強血液循環的方法。在完成第一次後再進行第二次，也是先熱後冷，停水擦身。一般重複4~5次。經過一段時間鍛練，可降低冷水溫度，延長冷水沖淋時間。局部需作理療時，可局部再沖淋1~2分鐘。最後用接近體溫的水淋遍全身1~2分鐘，擦乾身體，盡快穿衣。注意之處是，噴頭最好使用小噴孔、高水壓，噴出高速水柱，對皮膚有針刺感，可達到針灸和皮膚按摩作用，增強淋浴的健身和理療效果。

五、三溫暖

三溫暖浴是利用冷熱水交替的作用，將毛細孔及微血管和汗腺、皮脂腺急速收縮，藉以訓練皮膚內各種腺體、血管的功能，而對抗外界的刺激，可避免乾烤方式，最好在進行前能先運動10~20分鐘，讓皮膚在發汗的狀況下利用蒸氣浴與冷水交替達到使皮膚強健的效果。

第二節　藥浴與擦身

一、藥浴

根據個人具體的健康狀況，在浴水中放入一些中藥或西藥，以收治療保健之功，稱為藥浴。用中藥煎湯沐浴時，一般先將中藥裝入布袋，放在冷水中浸泡2~3小時，再煎1小時左右，將所得藥液加入浴水中。

圖7-3　各式藥浴材料

在浴水放入鮮絲瓜葉煎劑，能夠預防和治療夏秋季節常見的痱子；茶汁裡的鞣酸有收斂作用，浴水中加入適量濃茶汁時，可以治療日光曝曬引起的皮膚炎；溫泉所含成分極為多樣，不同型的溫泉，其所含成分可以分別治療關節炎、皮膚病、神經系統等多種疾病。

二、洗澡擦身

皮膚可以經由洗澡的程序達到鍛練的作用，在洗澡時，擦身是十分重要的一環。表皮脫落的細胞、分泌的皮脂與外界的灰塵，黏附在皮膚上就成為汗垢。時間一長，汙垢會刺激皮膚，如不及時清洗，就容易引起各種皮膚疾病。

將全身的皮膚用手掌或乾布揉刷，或浸過冷水再扭乾的毛巾來擦拭，給皮膚機械式的摩擦刺激，促使血液循環，但不宜過度用力或次數過於頻繁，以免造成皮膚粗糙或色素沉澱狀況。

第三節 足部洗浴與保健

臨睡前洗腳是一種良好的衛生習慣，它不僅可以除去腳上的汙物和促進局部的血液循環，增加足部皮膚的抵抗力，而且也是一種健身方法。曾有人這樣描述：春天洗腳，升陽固脫；夏天洗腳，暑濕可袪；秋天洗腳，肺潤腸濡；冬天洗腳，丹田溫灼。

俗話說：木枯根先竭，人老腳先衰。據經絡學說，從腳上可觀察到身體五臟六腑的相對應投影。現代醫學也證明身體某器官有病時，雙腳也會有異常反應；反之，腳受到不良刺激也會影響相對應臟器的功能。因此，科學的洗腳不僅要洗去汙垢，更重要的是利用水和手對腳的按摩刺激，產生舒筋活骨、暢通經絡的作用，達到防病、治病和健身的效果。

一、冷水洗腳與足浴

1. 冷水洗腳

用冷水洗腳對於一個缺乏耐寒鍛練的人來說是有害的，這是因雙足離心臟較遠，血管分布少，血液循環較差；冷水洗腳會使局部血管收縮，血流變慢，且能帶走大量的熱量，冬天就容易生凍瘡。尤其當全身及足部出汗較多時，如突然用冷水洗腳，會使皮膚毛孔突然閉塞，排汗不暢，而影響人體健康。處於經期或孕期的婦女，若用冷水洗腳，由於神經反射作用，會引起子宮及骨盆腔動脈的收縮，導致月經不調、閉經或流產。小孩的腳掌若受涼就容易感冒。因此，從醫學衛生角度來看，無論哪一個季節，都不宜用冷水洗腳。

2. 冷水足浴

用冷水進行局部浸浴療法也是一種耐寒鍛練，對於預防感冒有一定的效果。其方法是：先從溫水開始，循序漸進，持之以恆，當水溫降至15~18℃以後，應持續鍛練一段時間，若無不良反應，才可緩慢的將水溫降至4℃左右。冷水足浴的時間，每次不宜超過2分鐘，並要結合腳底按摩。冬天進行冷水足浴後，最好再用熱水浸浴幾分鐘。

二、溫水洗腳

溫水洗腳水溫一般在40℃左右，這不僅可除去汙垢，同時能使皮膚表面的血管擴張，血液循環加快，改善足部皮膚和組織的營養，降低肌張力，消除全身及足部的疲勞。睡前用溫水洗腳，可減少惡夢和改善睡眠。夏天用溫水洗腳後，可頓覺清涼沁脾，身輕氣爽，益氣解暑。

三、熱水足浴

熱水足浴的水溫應保持在46~48℃之間，每次浸泡時間為20~35分鐘，水位達足踝部。熱水足浴可使兩腳穴位接受熱刺激，加速血液循環，達到通經活絡的作用。長途行走、勞動和劇烈運動後，用熱水足浴有助於消除疲勞，防止肢體關節痠痛痲木。當有人發高燒時，還可用熱水足浴來退熱。方法是：置雙足於桶內，水深達膝下為宜，這樣可使兩下肢皮膚微血管擴張，血流加速，熱量的散發也加快，達到降溫的療效。

圖7-4　足浴不僅可以去除腳部汙物並促進血液循環，也是一種健身方法

四、洗腳按摩

洗腳時，用雙手對腳背和腳掌進行擦洗和按摩，可行經活絡，調節神經，促進局部血液循環。按摩小趾，能治療小兒遺尿症，矯正婦女子宮體位置，按摩湧泉穴，能治療腎虛體虧等疾病，對足踝部扭傷的人來說，按摩可達到藥物難以達到的獨特效果。

memo

8

Chapter

美容保健的研究領域

世界上最美的事物是看不見、摸不到的，只有心可以察覺。

～海倫凱勒

第一節　健康心理學領域

美容保健所追求的目標是高層次的心理滿足，不只追求外表的美，更多是追求由內而外的健康之美、一種身心平衡的美感，可以將近年來心理學領域與醫學領域做一結合的健康心理學來做一延伸領域，主要在提醒一般人做好預防保健的心理建設及良好生活態度的養成，這是一個多元且有趣的探討空間，其與美容保健方面相關的議題如下：

一、身心的交互關係

從研究報告中指出，長期緊張狀態的人，患胃潰瘍的比率比一般人多(Munn, 1966)，而部分人患高血壓、偏頭痛或氣喘疾病也是因緊張所致。研究也指出個體在發怒時的分泌物有毒性，會危害身體健康，孕婦經常發怒容易流產且會降低胎兒免疫功能。而個性較依賴、憂慮，容易產生絕望與無助感者，容易罹患癌症。在美容領域上，可以針對皮膚症狀與情緒的影響做一探討。

二、健康行為

保健的觀念已廣泛為大眾接受，但事實上，人們會採行健康行為的主要理論有健康信念模式，認為健康行為取決主要受他們對於疾病的信念與行動準備的利弊得失的影響，自我效能也是重要影響因素。理性行動理論則假設人們是有理性，而且大部分的行為是在意志控制下所表現於外，行為意圖是可作預測的主要因素。計畫行為理論，特別強調影響個人意志的控制因素，並以知覺行為控制變項做代表，包括內在控制因素（技巧、能力、資訊）及外在控制因素（障礙、機會及是否要依靠與人合作等項目）。以減肥行為為例，高內控的個體會相當在意自己的體型，並且會用運動來維持體型，外控型則會導致低自尊及憂鬱。

三、諮商與心理健康

諮商的目的主要是使行為正向改變，協助當事人問題解決或不適應的症狀解除，將諮商學習的方法適當運用在生活情境中，促使當事人身心健康，加強自我功能，利用諮商的技巧使個體達到健康行為的促成。低身體滿意度的族群包括厭食症、暴食症、過度運動、長期節食者，體型與異常飲食的發生及持續有關，如體重的知覺扭曲、低自尊、失控感及過度關注體重與體型。增進身體意象滿意度的方法，短期來說是自我肯定的訓練。心理治療學派中理情治療法，強調利用內在積極自我對話來對抗內心不合理的信念，會使情緒困擾減少，因為焦慮或擔心會促使自我預言發生，使事件誇張化，例如女性常誇大自己的體重，想像自己失去價值。

第二節　美容保健研究方法

一、研究主題

1. 醫學取向

通常以皮膚問題本身開始探討問題，另一種則將重點放在醫療照護，像是預防、早期偵測和篩檢、復原、復健及問題的適應。

2. 心理或行為取向

瞭解人對皮膚健康或疾病的關係，包括對皮膚健康狀況的控制力、態度和預防行為之間的關係或面對壓力源的反應，一個重視個體或個人的層面；另一個則關注環境場所或狀況的層面。

二、研究方法

1. 調查研究法

主要在發現社會學與心理學變項中事件的發生、分配及變項間的關係，社會學的變項指個人所屬的社會團體中所獲得的各種特徵，如性別、年齡、種族、職業教育程度、收入、社會地位及宗教等，而心理學變項則包括個人態度、意見、信念、動機、需求及其他各種行為，除此之外，還可包括具體可觀察的事物，如設備、器材等。主要目的從樣本或母群體去瞭解整體一般的現象或事實，非特殊個別樣本。分為問卷調查、訪問調查（面對面、電話訪問）、調查表調查。

2. 類實驗研究法及實驗研究法

實驗研究為研究方法中唯一能確立因果關係的方法，有兩種特色及實驗者控制其治療與介入，包括何時、如何及對誰施用，研究參與者是隨機分派的，利用自變項作為刺激，再控制干擾因素，觀察測量結果類實驗研究與實驗研究最大不同點，在於無法將研究對象隨機分配到各組別，在研究中常混合兩種方法進行，即利用實驗研究法探討樣本特徵變數的相關性，或利用類實驗研究法，依照某一個問題的訪談結果將樣本分組，再檢定各組的相關性。

3. 行動研究法

行動研究是任何領域謀求革新的方法之一，它也是一種團體法，注重團體的歷程、團體活動，不過特別重視行動，尤其重視實際工作人員一面行動、一面研究，從行動中尋找問題、發現問題，更從行動中解決問題，證驗真理，謀求進步（李祖壽，1979）。通常情境參與者基於解決實際問題，與專家學者或組織中成員合作，將問題發展成研究主題，進行有系統的研究（陳伯璋，1988）。

三、研究計畫的擬訂步驟

1. 根據團隊的專長背景

(1) 選擇焦點問題：依計畫主持人的訓練及背景來決定，評估研究團隊之領域專長、興趣及能力，以

3~4人為佳，考慮到可以運用的團隊支援，最後要留心報告的效用、可以提供發表的地方及可以吸引的對象。

(2) 產生研究構想：由真實世界的觀察或個人經驗產生、對研究對象做訪談、廣泛閱讀與主題有關的文章、參考專業人士的經驗、由問題探索到引發原因，以基本理論做依據探討或參考先前的研究試圖加以推翻等。

2. 文獻檢索收集

文獻整理應依據研究目的做一廣泛性的資料收集，文獻的種類包括專業書籍雜誌、研究報告、研討會報告、剪報等，可分門別類進行資料的統整，資料透過作者關鍵字或主題進行網路資料的調閱，常使用到有全國博碩士論文網站Geogle、Science、Eric等，利用中央圖書館的館藏搜尋，也可找到不少期刊論文的資料，可建立與研究目的有關的資料庫；如以瘦身美容活動的現況探討為例，可以從幾個方向做討論：一是瘦身美容產業發展、二是消費者行為、三是瘦身美容的社會性需求、四是瘦身美容與性別意識的探討，每一個向度都可以發展不同的主題及目的。在檢視過程中包括對研究方法的評估和結果的認知，然後依照文獻的年代排序加以討論，或以與研究目的相關性為主做一陳述，強調主要論點，並且在文字之後標註作者名稱及年代，在引用時要求自己最好能從別人的期刊論文中找出原始資料引用出處，可從該文獻註解或參考書目中得之，最好不要只是取用大量已呈現的文字資料，變成斷章取義的引述或全無自我定見的整理方式，而降低研究的價值。簡單的說，就是養成自己面對原始資料，再重新針對研究目的加以整合，因此在收集過程中要詳細記錄資料來源或頁次，以便他人在參考研究報告時，能由你所整理的文獻資料中找到原始出處，此動作是學術研究中傳承的重要依據，也是創新研究的靈感來源，唯現代人由於網路資訊的方便取得，及研究速成的心態，常大量複製論文中的文獻部分，節省閱讀原始資料的工夫，但就學術價值來說，常失去原始資料的真實性，所以求真求善是學習研究的基本態度，進行研究工作者不得不注意。

3. 提出待答問題及問題假設

在做好文獻整理後，就會產生待答問題或研究假設，通常待答問題是用於調查研究，研究假設則常使用於實驗研究法，主要視過去的研究成果已有多少，或研究發現有多具體及可驗證性來看，如此研究主題屬於新領域或對於研究情境有待探索者，可用待答問題來研究，如瘦身美容的產業發展現況適合用待答問題來設計，瘦身美容的消費行為可以用研究假設方式進行，通常可分為文義型的研究假設及操作型的研究假設，在統計學的運用上又可分為對立假設及虛無假設，研究者通常希望統計結果支持對立假設，以下以美容瘦身研究內容為例：

(1) 文義型的對立假設：不同生活型態的女性消費者對於美容瘦身產業的看法有所差異。

(2) 文義型的虛無假設：不同生活型態的女性消費者對於美容瘦身產業的看法沒有差異。

(3) 操作型的對立假設：30歲以上女性消費者對於美容瘦身產業的需求高於30歲以下的女性消費者。

(4) 操作型的虛無假設：30歲以上女性消費者對於美容瘦身產業的需求與30歲以下的女性消費者並無差異。

4. 方法的決定

(1) 研究對象：研究對象為研究主體，因此確立研究目的及假設後，選擇適切研究方法是非常重要的，而不同研究方法選定研究對象的方式也會有所不同，如調查研究可以利用隨機抽樣方式以取樣較多的樣本(N>30)，或採小樣本數的隨機取樣(N<30)，但是隨機取樣的方式有時難以達成，在現況調查中可以用立意取樣或滾雪球取樣的方式，以取得有效的樣本進行研究。

(2) 研究工具：指研究過程中用來蒐集資料的工具，包括測驗、問卷、量表和儀器，如筆者在進行臺北市年輕婦女膚質狀況之調查研究時，採用問卷方式，在臺北市年輕婦女經期不順情值之初探則使用能量醫學檢測儀器進行，而針對Spa從業人員性別概念與職場人際關係、工作適應相關之研究時，則使用性別工作氣質量表、職場人際關係量表及工作適應量表。通常設計、使用後要再經由統計上信度與效度的評定，信度即指量表進行測量的可靠性，效度指量表是否能測量到所欲測量的行為。

(3) 研究設計：研究設計如電腦程式的流程般，在研究進行前先要對於達成研究目的之相關因素加以分析，藉由圖表化將研究情境的狀況清楚呈現出來，依照研究方法不同而有所差異。

(4) 研究程序：進行研究時應依序將準備工作、文獻整理、問卷預試及施行、研究方法進行、資料處理及研究結果的整理按照步驟逐一擬定好，使計畫能在掌控之中順利進行。

5. 資料分析

資料的分析通常指量的部分，透過統計方法將原始資料依照研究設計進行統計分析，以達到研究假設的驗證，得到研究結果，社會或教育統計常使用SPSS for Windows統計軟體，醫療保健則常使用生物統計部分進行，SAS是常使用的統計軟體，資料分析雖然可以有效的在短時間內將大量原始資料透過統計方法分析呈現結果，但研究者本身對於正確且適切的統計方法要有所認知，才會使資料分析與討論趨近事實的呈現。

6. 研究意義

研究取得資料經過分析討論，得到的研究結果，其意義及價值在於對任何一個單位、團體乃至於社會、國家或全人類的貢獻，因此必須確定研究的意義何在，強調其影響力，以達到研究精神，促使問題得以解決，人們更加進步，使各種現象可以改善，並且成為同一領域進一步研究的基礎。

7. 預算與時間進度表及工作分配

研究的進行需要有經費的支持，因此經費預算對研究而言是十分重要的，通常研究的經費包括人事費（研究主持人、研究助理等）、設備費（購買研究所需設備）、旅運費、郵電費、印刷費、文具紙張費、圖書費、資料處理費、雜費等，應盡可能編列完善，否則會阻礙研究的進行。在研究進行時應按照研究程序擬出時間表，並將工作依照研究成員的特質及專長做工作分配，並且約定日期討論研究的進度，使團隊合作能順利進行，在時效內達到預期的目標。

8. 附註與參考書目

研究文獻中常引用許多研究者已發表的結果，更有其出處，應在每段引用文字之後，標註編號，如註1.、註2.等，在一段落處呈現所引用的文獻出處，以提供給讀者做為追蹤原始資料的參考，在研究報告的最後則應標明參考書目，有其一定的格式及陳述方式，如下：

- 黃光雄、簡茂發(1991)。教育研究法，師大書苑出版社：臺北。
- 李慧芳(2008)。美麗面具下的勞動：以美容師為例，南華大學教育社會學研究所碩士論文。
- 張景然、林瑞發（譯），Trower, P., Argyle, M., Marzillier, J., & Bryant, B.著(1998)。社會技能與心理健康(Social Skills and Mental Health)，臺北市：巨流。
- 劉心瑜、吳宗祐(2010)。負向顧客事件頻次與樂觀性格對情緒勞動的預測效果：服務關係長短的調節效果，人力資源管理學報，13(2), 1-20。

■職訓局(2010)。Super上班族－理髮、美容師－多元化發展帶動人力需求攀升，2010年12月23日取自於http://www.ejob.gov.tw/news/cover.aspx?tbNwsCde=NWS20101223164205CMA&tbNwsTyp=671

四、研究報告的書寫

研究報告的書寫主要重點為清晰、客觀、嚴謹均衡，一般可分為以下部分：

1. 前置資料

前置資料通常包括封面題目、內容目次、附表目次、附圖目次及論文摘要等部分，主要作用在使讀者能對整個研究報告有提綱挈領的認識，並且能快速查閱到所需的資料。

2. 主體

主體是研究報告的主要內容，通常先以緒論揭明研究之緣起以及所欲討論的問題，再從文獻的探討歸納前人對相關議題的研究成果及尚未解決的部分，其次則說明本研究所採取的研究方法。最後呈現研究結果並加以討論，然後歸納出結論，並提出建議。在研究本文最末需列出參考書目。

3. 後置資料

後置資料是指與研究相關的資料或數據，或是研究過程中所據以推論出結果的抽樣樣本或問卷調查，通常以附錄的方式列於研究報告之後。

第三節 都會上班族群健康生活型態之相關因素類別

一、前置因素(predisposing factors)

目標群體的人口特性、知識、態度和知覺。

1. 人口資料：年齡、性別、教育程度、婚姻狀況及職業等。
2. 認知狀況：心血管疾病認知、一般性自我效能、飲食與運動自我效能、維持健康生活態度及健康價值觀。
3. 健康狀況：自覺健康狀況、家族及個人心臟血管病史。

二、促成因素(enabling factors)

主要考慮環境方面的狀況，如資源可獲性、可近性、轉介性、相關技能。包括居住社區資源、上班機構資源、衛生所資源。

1. 健康資源可獲性。
2. 健康資源利用性。

三、增強因素(reinforcing factors)

指人際或專業人員的支持、提供獎勵誘惑或懲罰，會使行為得以持續或消失。

1. 同儕支持。
2. 家庭支持。

■都會上班族群健康生活型態之相關因素研究結果（邱啟潤等，1998）

1. 女性、40歲以上、有配偶、職業類別為白領者，其健康生活型態較正向。
2. 對心臟血管疾病認知、自我效能、自覺健康狀態康及對健康價值越好者，其健康生活型態較正向。
3. 個人對健康資訊知道越多、家人及同儕越支持者，其健康生活型態較正向。

■都會上班族群健康生活型態（邱啟潤，1998）

研究結果：

1. 健康生活型態中得分最低分為請教醫護人員取得健康資訊、每週3次以上適度運動及休閒活動。
2. 得分較高者為維持適當體重、不吸菸、樂觀愉快心情、攝取纖維質及在家自行烹調食物。

■員工健康促進生活方式及相關因素——半導體公司員工（高淑芬，1999）

研究結果：

1. 員工在健康行為效能平均得分最高為心理安適最高，即健康促進生活方式中以人際關係及靈性成長平均得分相對較高；而在運動方面得分最低，即缺乏身體活動。
2. 此研究女性參與健康促進活動低於男性（與國外研究不同），而已婚有子女者的健康促進生活方式較佳。
3. 年齡越大其生活方式較佳，且家人支持高於朋友；上日班的工作者生活方式較佳。

4. 健康自我效能（心理安適、健康責任、營養及運動）的預測性最高，為最重要。

大學生健康生活型態——長榮管理學院為例（高毓秀、黃亦清，1997）

研究結果：

1. 飲食部分以喝飲料及有時食用零食、甜點及高脂肪食物最普遍。
2. 約20%每週少於3次吃早餐及沒有正常睡眠。
3. 約1/4受訪者從不運動。

高中職學生健康促進生活型態——桃園地區（鄭淑芬，2004）

研究結果：

1. 健康促進生活型態中以人際間支持行為得分最高；運動行為得分最低。
2. 學生健康概念及自覺健康狀況對高中職學生的健康促進生活型態解釋力最大。

生活型態變數

興趣	意見	人口統計	活動
1.家庭	1.自我	1.年齡	1.工作
2.家事	2.社會	2.教育	2.嗜好
3.工作	3.政治	3.所得	3.社交
4.社區	4.商業	4.職業	4.度假
5.消遣	5.經濟	5.家庭	5.娛樂
6.時尚	6.教育	6.人數	6.社團
7.食物	7.產品	7.地理環境	7.社區
8.媒體	8.未來	8.城市大小	8.購物
9.成就	9.文化	9.家庭生命週期	9.運動

■生活型態與膚質調查——人口統計篇

1. 男性（林駕廷，2004）

(1) 受訪男性以油性皮膚最多，其次為中性。

(2) 有半數以上的男性會在乎皮膚狀況。

(3) 只有27% 的男性對自己皮膚感到滿意。

(4) 希望改善的皮膚問題依序為毛孔粗大、黑頭粉刺、白頭粉刺及面皰、黑眼圈等。

(5) 有近80%的受訪者經常熬夜。

(6) 有30%受訪者有抽菸習慣。

(7) 有30%受訪者感覺到較大的生活壓力。

2. 女性20~28歲（吳苑薰，2004）

(1) 有70%以上的女性皮膚類型屬於混合性的皮膚。

(2) 皮膚問題為黑眼圈、毛孔粗大、黑頭粉刺、青春痘、雀斑、白頭粉刺等。

(3) 選擇改善肌膚狀況的方式主要為買保養品。

(4) 有60%左右的受訪者有疲勞情況及情緒起伏不定的情況。

(5) 油性皮膚和敏感性皮膚最看重化妝水的使用，乾性及混合性皮膚最看重面膜的使用，正常皮膚則看重乳液的使用（邱秀娟，民87）。

3. 懷孕婦女（陳珊珊、黃怡禎、張曉萍，2004）

(1) 懷孕初期（1~3個月）：有53%的婦女呈現出混合性皮膚，亦有20%婦女有敏感性皮膚情況；其皮膚問題為黑頭粉刺及白頭粉刺問題，此外有妊娠紋問題；身體會出現便祕情況有35%；有30%以上會使用化妝水及乳液，約半數遇到皮膚問題會找醫生。

(2) 懷孕中期（4~6個月）：有30%以上婦女為混合性皮膚，仍有近30%有敏感性皮膚情況，有80%會使用保養品，主要問題為色素沉著、皮膚發癢及乾燥，有近50%會腰痠背痛，皮膚改善以飲食調理為主。

(3) 懷孕末期（7~10個月）：有37%的婦女皮膚類型為乾性，其次為混合性，皮膚問題為雀斑、黑眼圈、皮膚乾燥發癢等。

4. 青年（林曉雯，2004）

(1) 有90%以上受訪者覺得皮膚需要改善，混合性皮膚約占30%，其問題為黑頭粉刺、青春痘、黑眼圈、美白等問題。

(2) 有80%有外食習慣，多偏好肉類、澱粉類。

(3) 約60%受訪者有使用保養品的習慣，皮膚出現問題則會到皮膚科尋求治療。

5. 兒童（孟思婷，2004）

(1) 兒童皮膚多為中性，其問題為蚊蟲叮咬，其次為青春痘、黑眼圈、濕疹等。

(2) 在防曬觀念部分，則有父母代為回答認為兒童需要防曬，但如果曬傷很快就會好，只有在戶外或大太陽底下需要防曬，且防曬劑需要補擦。

6. 青少年學生（楊令述，2004）

(1) 有37%的受訪者皮膚類型為油性皮膚。

(2) 皮膚問題為粉刺、黑眼圈、面皰、痘疤，其中最在意面皰，再來是黑眼圈。

(3) 有近50%的人很重視皮膚。

(4) 有67%的人經常性熬夜，感覺壓力很大，壓力來源主要為課業，其次是外貌。

(5) 在飲食上有70%的口味偏重。

(6) 近50%的人其改善皮膚主要方法為飲食調理，會買保養品的只占25%。

7. 上班族成年期男女性

(1) 多為混合性皮膚，最多皮膚問題為黑頭粉刺、青春痘及黑眼圈、過敏狀況。

(2) 選擇以就醫診治及專業護膚保養、購買保養品等方式來改善膚質，其中認為洗面乳功效是很重要的。

(3) 使用比例較高的保養品有乳液、面膜、精華液等。

(4) 過半數受訪者有外食習慣且口味較油，喝水量達標準者不到30%。

8. 職業婦女（楊雅雯，2004）

(1) 有80%受訪者為公務員或服務業女性。

(2) 有50%以上受訪者在飲食偏好上喜歡蛋糕、咖啡及茶等嗜好品。

(3) 有30%左右受訪者會感到壓力、失眠情況。

(4) 其皮膚類型以敏感性及油性居多；皮膚問題為粉刺、黑眼圈、青春痘；且膚色較為蠟黃及有發紅現象。

(5) 50%左右經常熬夜、生理期不順及運動不足等情況。

(6) 30%以上容易感到痠痛、頭痛及胃痛等。

(7) 50%受訪者常用來改善健康的方法為推拿及泡溫泉。

9. 醫護人員（許玉卿，2004）

(1) 調查樣本：17~39歲占66.67%，29~38歲占23.33%。

(2) 膚質狀況：混合性為23.33%；正常為33.34%；有56.67%有粉刺問題；有70%有細紋、斑點及乾燥問題；50%以上有黑眼圈。

(3) 生活型態：80%有肌肉痠痛及70%有睡眠不足及精神不濟狀態；近50%感覺壓力、處於壓力下；66.67%的人皮膚會感受到氣候變化，在冷氣房中感到皮膚乾燥。

10. 速食人員（林潔妤，2004）

(1) 受訪者年齡層為20~24歲居多。

(2) 平均工作時間為7~12小時。

(3) 大多數的皮膚類型以油性皮膚居多，其皮膚問題依序為青春痘、黑眼圈、粉刺、紅疹等。

(4) 對工作環境的認知為悶熱、過油、潮濕、乾燥，受訪者一致認為工作會影響膚質的改變，最大問題是粉刺及青春痘。

(5) 90%以上的人認為工作對手及腳部都有影響，最大問題為指甲軟化、脫皮、龜裂。

(6) 有80% 以上的人有使用保養品習慣，使用種類為美容液、去角質、面膜、化妝水、隔離霜、乳液、面霜及按摩霜等，其中去角質和化妝水被認為是在廚房工作環境中有幫助的保養品。

11. 電子業從業人員（吳芸蕙，2004）

(1) 最多皮膚類型為油性皮膚，皮膚問題依序主要為黑眼圈、毛孔粗大及粉刺面皰問題。

(2) 超過50%有睡眠品質不良問題，80%以上受訪者生理期不規律。

(3) 60%以上有使用保養品習慣，多半在專櫃及藥妝店購買。

12. 採購

(1) 改善皮膚狀況方式為飲食調理及就醫診治。

(2) 有90%表示工作上常處於壓力下，有長時間久站情況及持續重覆動作，會感到身體痠痛麻木。

13. 模特兒（鄭雅文，2004）

(1) 從事模特兒工作的女性有30%以上是混合性，其次為敏感性及乾性，其皮膚問題為粉刺、毛孔粗大、缺水、黑眼圈、皮膚暗沉等問題。

(2) 超過50%的受訪者會半個月到護膚沙龍1次，70%以上會1個月至少去1次。

(3) 平日身體保養多為泡澡方式占70%。

14. 夜班及輪班工作者（賴英詩，2004）

(1) 受訪者皮膚類型以油性居多，問題為黑眼圈、斑等情況。

(2) 有50%以上有失眠情況，70%以上睡眠品質不佳。

(3) 有50%有經前症候群。

(4) 80%以上飲食習慣不正常，有50%感到免疫系統功能下降。

(5) 改善皮膚方法為就診看醫，其次為飲食調理及購買保養品；有60%有使用保養品習慣。

■生活型態與膚質調查——生活嗜好篇

1. 抽菸（陳怡芳，2004）

(1) 有50%受訪者的菸齡為1~5年，有近40%為10年以上；男女性約占各半。

(2) 有70%以上認為抽菸會影響肌膚健康；其中有近30%有護膚習慣；皮膚類型以油性及混合性居多。

(3) 有近50%受訪者生理期不正常。

2. 喝咖啡（王裬彥，2004）

(1) 有近90%受訪者為每天至少喝1杯的情況；80%左右加1顆糖及1包奶精以上。

(2) 其皮膚類型為正常性最多，其次為油性，皮膚問題為黑眼圈及粉刺等。

3. 夜店（張巧盈，2004）

(1) 受訪者有60%是學生，及近30%上班族。

(2) 50%與朋友相約，且會在店裡大量酗酒。

(3) 有90%以上受訪者認為狂歡後皮膚會變差及氣色不好，且約70%認為熬夜會讓毛孔粗大，有80%以上服用禁藥。

(4) 60%認為皮膚的症狀同時會長痘痘、黑眼圈及臉頰凹陷等。

(5) 有近60%受訪者採取自己保養。

4. 偏好運動（施宜君、陳素英，2004）

(1) 大多數愛好運動的受訪者常活動項目為戶外運動、健身運動及水中與水上運動。

(2) 其皮膚類型為油性皮膚最多。

(3) 偏好飲食內容為蔬菜水果。

(4) 改善皮膚方式為購買保養品及飲食調理。

(5) 其他休閒活動為去沙龍護膚及泡湯解壓。

(6) 以健身房族群來看，有60%以上認為運動後皮膚有所改變並會使用保養品使皮膚恢復正常。

memo

memo

國家圖書館出版品預行編目資料

美容保健概論 / 邱秀娟, 陳建達編著. – 四版. –
新北市：新文京開發, 2019.08
面； 公分

ISBN 978-986-430-527-8（平裝）

1. 皮膚美容學

425.3 108012250

美容保健概論（第四版） （書號：**B140e4**）

編著者 邱秀娟 陳建達
出版者 新文京開發出版股份有限公司
地址 新北市中和區中山路二段 362 號 9 樓
電話 (02) 2244-8188（代表號）
FAX (02) 2244-8189
郵撥 1958730-2
初版 西元 2002 年 09 月 30 日
二版 西元 2011 年 07 月 20 日
三版 西元 2016 年 01 月 10 日
四版 西元 2019 年 08 月 20 日

建議售價：350 元
法律顧問：蕭雄淋律師
ISBN 978-986-430-527-8

New Wun Ching Developmental Publishing Co., Ltd.

New Age · New Choice · The Best Selected Educational Publications — NEW WCDP

新文京開發出版股份有限公司

新世紀．新視野．新文京—精選教科書．考試用書．專業參考書